梨实用栽培技术

LI SHIYONG ZAIPEI JISHU

王少敏　魏树伟　主编

中国科学技术出版社

·北　京·

图书在版编目（CIP）数据

梨实用栽培技术 / 王少敏，魏树伟主编 . —北京：中国科学技术出版社，2017.1

ISBN 978-7-5046-7399-2

Ⅰ. ①梨… Ⅱ. ①王… ②魏… Ⅲ. ①梨－果树园艺 Ⅳ. ① S661.2

中国版本图书馆 CIP 数据核字（2017）第 000190 号

策划编辑	刘　聪　王绍昱	
责任编辑	刘　聪　王绍昱	
装帧设计	中文天地	
责任校对	刘洪岩	
责任印制	马宇晨	

出　　版	中国科学技术出版社	
发　　行	中国科学技术出版社发行部	
地　　址	北京市海淀区中关村南大街16号	
邮　　编	100081	
发行电话	010-62173865	
传　　真	010-62173081	
网　　址	http://www.cspbooks.com.cn	

开　　本	889mm×1194mm　1/32	
字　　数	163千字	
印　　张	7	
版　　次	2017年1月第1版	
印　　次	2017年1月第1次印刷	
印　　刷	北京盛通印刷股份有限公司	
书　　号	ISBN 978-7-5046-7399-2 / S・603	
定　　价	21.00元	

本书编委会

主　编
王少敏　魏树伟

副主编
冉　昆　王宏伟　张　勇　李克明

编著者
王少敏　魏树伟　冉　昆　王宏伟

张　勇　李克明　李诗宏　李朝阳

王杰军　王清敏

 **前言**

  梨在我国农业生产中占有重要地位,对促进地方区域经济发展和建设发挥了重要作用,是梨产区农民的主要经济来源。尤其是改革开放以来,我国梨产业发展迅速,目前梨栽培面积和梨果产量均居世界首位,在世界梨果产业中占有举足轻重的地位。新中国成立后的60多年来,在我国广大科技工作者共同努力下,梨育种和栽培技术均取得了可喜的成就。

  梨产业是劳动密集型和技术密集型产业,随着我国经济的发展,生产成本不断上升,于是提高劳动效率就成为了人们日益关注的焦点。然而,我国梨产业中却存在品种结构不合理、劳动者栽培管理水平落后、农药化肥过量施用、果实品质不高、生产成本不断攀升、总体经济效益降低等问题。近年来,广大果树科技工作者和果农围绕以上问题进行了系统研究和探索,培育出了一系列优良新品种,并提出了新的栽培模式。本书主要介绍了梨的新品种与栽培新模式,可为解决梨的产业问题拓展思路,并在一定程度上促进我国梨产业的健康可持续发展。

编　著　者

Contents **目 录**

第一章
概　述

一、产业现状

（一）梨果产业概况

我国梨栽培面积和梨果产量均居世界首位。2013 年我国梨园面积达 111.17 万公顷,占世界梨栽培总面积的 62% 左右;我国梨果产量达 1 730.1 万吨,占世界总量的 65% 左右。虽然我国梨总产量居世界第一,但单位面积产量却低于世界平均水平。据估算,2013 年我国梨单位面积产量为 1 037.51 千克/667 米^2,低于世界平均单产水平。

我国梨早、中、晚熟品种比例为 18∶30∶52,早、中熟品种在增加,晚熟品种在减少。早熟品种主要有:翠冠梨、中梨 1 号、早酥、雪青等。中熟品种主要有:丰水梨、黄冠梨、黄花梨、黄金梨等。晚熟品种主要有:砀山酥梨、鸭梨、南果梨、库尔勒香梨、雪花梨、金花梨等。

我国梨主栽品种中面积最大的是砀山酥梨,约占全国梨栽培面积的 23%。其次是鸭梨,约占全国梨栽培面积的 11%,丰水梨和翠冠梨分别约占 7%,黄金梨、南果梨、黄花梨分别占全国梨栽培面积的 6% 左右,库尔勒香梨约占 5%,雪花梨、金花梨、黄冠梨、中梨 1 号分别占 4% 左右,早酥、湘南、雪青分别约占 3%、2%、1%,其他品种共约占 7%。

我国由南到北、从东到西均有梨的栽培,主要栽培品种有白梨、砂梨、秋子梨及西洋梨。黄河流域以北、沿长城内外,为秋子梨与白梨混栽区;黄河流域以南至长江流域以北,则为砂梨和白梨栽培混栽区;长江流域及其以南地区,则为砂梨主栽区;辽东、胶东两半岛则为洋梨主要栽培区。我国主要产梨省有河北、四川、辽宁、新疆、陕西、山东、云南、河南、甘肃、贵州等。

我国梨主要用来鲜食,但近年梨鲜食率有所下降,加工率有所上升。2006～2009 年,我国梨鲜食比例由 89.8% 下降到 88.6%,而加工比例由 6.8% 上升到 8%。我国梨出口贸易量和出口创汇金额逐年增长。梨出口贸易量从 2001 年的 16 万吨增长到 2009 年的 46.27 万吨,超过阿根廷成为世界第一梨出口国,出口量占我国总产量的 3.4%。梨出口创汇金额从 2001 年的 0.4 亿美元增长到 2009 年的 2.5 亿美元,但单价仍然较低,仅为日本、韩国的 1/6 左右。我国梨出口产品主要为浓缩汁和罐头,出口罐头量和出口创汇金额呈逐年上升趋势,早在 2007 年我国出口梨罐头就达 6.1 万吨,出口创汇金额达 4 495 万美元。我国梨进口贸易量则不断降低,2006 年以后我国梨进口贸易量几乎处于停滞状态。

(二)梨育种现状

我国是世界梨属植物的主要起源地,遗传种质资源丰富。起源于我国的梨种约有 13 个,其中野生种分布广泛,栽培种呈区域分布。华北分布着白梨,南方分布着砂梨,西北分布着新疆梨,而东北则是秋子梨的发源地。梨还是我国果树栽培分布区最广的树种之一,东起黄海之滨、西至天山南北,南起两广云贵、北到宁蒙吉黑,到处都有梨树的栽培。

我国梨品种选育历史悠久,尤其是新中国成立以来,梨品种选育工作进展很快。全国各地受气候和经济条件的影响,其育种目标有所不同。南方以成熟早、品质优、抗病性强、货架期长为育种目标;中部及华北主产区主要以中晚熟、品质优、抗逆、耐贮运为目标;东北地区主要以风味浓、品质优、抗寒性强为目标;西北地区主要以果个大、品质优、抗逆性强、耐贮运为目标。除此之外,红皮梨等特色梨和矮化砧木选育也成为重要育种目标之一。矮化密植栽培是世界果树发展的总趋势,利用矮化砧木是实现这一途径的重要手段。梨矮化砧木的选育目标是嫁接亲和性良好、矮化、早果、早丰、抗逆、繁殖系数高。目前的育种方法主要有杂交育种、芽变育种、实生育种、诱变育种等。

二、产业亟需解决的问题

第一,加快新品种选育和品种更新。我国梨产业存在着品种结构不合理,品种成熟期相对集中,易造成市场鲜果供应短期过剩的问题。具体表现为目前主栽品种中熟和中晚熟品种过多,早中熟品种相对较少,极早熟、极晚熟品种不足。虽然通过贮藏技术在一定程度上缓解了梨果周年供应不均衡的矛盾,但贮藏时间过长,不仅会导致成本上升,还会使果实品质显著下降,影响梨果的商品价值。所以,应培育不同成熟期配套的优良品种,延长梨鲜果上市的时期,满足梨鲜果周年供应的需求;加强早熟、多抗性品种的选育和引种,使早、中、晚熟梨品种比例更加合理。

第二,加强省工高效栽培技术与新模式研究。我国梨的栽培模式多为大冠稀植,生产实践证明这种栽培模式不但影响产量和品质,而且在整形修剪、花果管理和果园喷药等方面费时费工,工人劳动强度大,用工成本增加,直接影响梨园的正常管理和经济效益。因此,梨园需要建立省工高效栽培技术与模式。省工高效栽培是指在梨树栽培过程中简化操作、降低劳动强度、提高劳动效率,降低生产成本,提高经济收益。果树省工高效栽培主要包括选用优良品种、省工高效土肥水管理、简化修剪、省工高效花果管理、病虫害综合防治技术等方面。

第三,提高梨重要病虫害防控水平。目前,在我国梨主产区发生普遍并造成严重经济损失的病虫害主要有梨黑星病、梨黑斑病、梨小食心虫和梨木虱等,但这些病虫在不同生态区域的流行或暴发成灾规律有待进一步明确,且生产上尚未建立有效的可持续综合防控技术体系,缺少新型化学农药及药效良好的生物农药,生物防治、物理防治和诱杀技术等尚需进一步改善,梨无病毒化栽培也尚未起步。果树抗病虫育种是果树病虫害综合防治的基础工作,果树抗病虫品种具有抗病虫侵害、果实优质高产的特点。安全性高、残留低、生物活性高、使用费用低、选择性高的新农药的开发,提高了化学防治的效率。世界生物技术的崛起,带动了生物农药的发展,取得了显著的防治效果。生物防治研究不断深入,以虫治虫、以鸟治虫、以菌治虫等成果显著。昆虫性信息素的研究极大提高了防治效率,广泛用于害虫诱捕防治和干扰交配防治。目前,我国果树病虫害防治仍然以化学防治为主,果树病虫害综合防治研究和生产实践的水平尚有待提高。

第四,提高梨园土壤培肥及节水灌溉技术。我国梨主产区的土壤营养丰缺状况、梨园矿质营养循环模型、主栽品种矿质吸收机制的研究均不够明确。梨园施肥一直依靠生产经验粗放进行,不仅影响树体的生长发育、花芽分化和果实发育,还会形成巨大浪费,并对环境造成较大范围的污染。我国低产果园面积较大,部分果园存在地下管理粗放,果园土壤瘠薄,土层浅,保水、保肥能力差等系列问题,致使树势衰弱,果园长期低产。果树长期生长在同一个位置,极易受到土壤营养空间与营养状况的影响。果园培肥地力技术能很好地解决以上问题,即根据树体营养需求调节土壤环境,采取以增施有机肥为基础的培肥地力技术,使之适合果树植株的生长发育,发挥土壤最大效益,降低生产成本,提高劳动效率。

果树产业是我国目前农业种植结构调整的重要组成部分,年产值可达 2 500 多亿元(束怀瑞,2007)。果树产业在农民增收和农村经济发展中起着越来越重要的作用,但水资源缺乏却成为制约我国果树产业发展的重要因素。我国的大部分果树是在干旱和半干旱地区栽培的,为了实现果树丰产、优质的栽培目标,一方面要进行灌溉,另一方面则要注意节水。果树节水栽培主要从两个方面考虑:一是减少有限水资源的损失和浪费;二是提高水分利用效率。采用适当的灌溉技术和合理的灌溉方法,可显著提高水分的利用效率。

第五,重视梨果贮藏期生理病害的防控及运输和货架期间的果品维护。我国梨果贮藏水平较低,采后冷藏仅占总产量的 25% 左右。与发达国家果品总产量的 40%～70% 用于加工,鲜食果品的 80% 以上进行冷藏或气调贮藏的差距还很大。近年来,梨果采后贮藏过程中出现的一些生理病害如虎皮病、黑心病、顶腐病、花斑病等,使果实品质严重下降甚至失去商品性,不仅给相关企业带来了严重的经济损失,还影响了梨果的收购价格,挫伤了梨农的积极性,已成为制约我国梨产业健康发展的瓶颈。

梨运输期和货架期果品维护技术的缺乏,常常导致梨果品质下降,进而影响其商品性。梨果皮薄,采后运输中的保护措施不足,极易发生摩擦、磕碰,造成果面变黑、受伤,尤其常温下的运输和振动常会造成果实品质急剧下降甚至腐烂,严重影响果实货架期间的销售和长期贮藏。因此,保持梨运输和货架期间较好的商品品质,已成为梨采后增值的关键因素。

第六,关注梨产业发展政策。我国是梨生产大国,虽然栽培品种多、分布广，但种植零散、产业组织化程度低。当前受国内劳动力短缺、农资价格上涨、农业气候灾害频发和水果消费多元化等诸多因素的冲击，梨产业发展面临着生产成本上涨和市场需求不稳定的双重压力，我国传统的梨生产模式、组织结构、营销渠道、产业政策和贸易措施等方面已经很难适应现代梨产业发展的客观要求。原因：一是我国梨产业发展已进入由小规模生产、分散化经营逐步向轻简化、规模化以及区域化转变；二是现代梨生产管理制度、优质优价的市场交易制度和技术支撑体系须进一步建立、健全。

三、生产趋势

梨高效栽培技术的发展趋势可以概括为高产、优质、安全、低成本。具体包括早果、丰产、优质、安全、省工、矮化密植、良种化、机械化、集约化，以及适地适栽，按品种特性采取相应的标准化生产技术，以充分利用生态、自然环境、社会经济资源优势，充分发挥品种特色，形成规范、稳定的产业化经营模式。

第一，栽培管理成本变低，技术轻简化、规范化。目前，劳动力紧缺和劳动力价格的提高给梨产业带来巨大压力，今后梨果产业发展的总趋势是简单、省工、高效，即简化操作、降低成本和增加纯收入。

果园土壤管理方面，生草栽培、果园覆盖、少耕与免耕发展前景广阔。实践证明，少耕与免耕、生草栽培、果园覆盖等技术具有省工、高效、增产、节能、简便及实用性强等诸多优点。改革传统的耕作制度，采取生草栽培、少耕与免耕、果园覆盖技术是今后我国梨产业土壤管理制度的发展方向。

栽培制度在果树生产中起着至关重要的作用，近年来随着农村劳动力减少，尤其果园劳动力的减少，乔砧密植栽培因整形修剪费工、费钱等缺点,已不适应现代果业的需要。在梨果栽培中应当推广矮砧密植栽培,整形修剪方面推广高光效树形和简化修剪技术,这是果树栽培的发展方向。国外较普遍采用矮砧密植栽培模式,矮砧果园具有通风透光条件好、管理方便、适合机械化作业、减少用工量等优点。矮砧宽行密植栽培、高光效树形和简化修剪技术,不仅可减少树体管理和修剪用工,节省人工费用,还能提高果实品质,增加收益。

节水灌溉已成为农业现代化的主要标志。地面灌溉仍是当今世界占主导地位的灌水技术,借助高科技手段提高灌溉效率是地面灌溉的发展方向。在管理上采用计算机联网控制,精确灌水,做到时、空、量、质上恰到好处,满足作物不同生育期的需水要求。借助现代机械设备的节水灌溉技术,如喷灌、微灌、滴灌、膜下灌、地下灌等大有发展潜力。地下灌溉已被认为是一种有发展前途的高效节水灌溉技术,尽管目前还存在一些问题,使推广的速度较慢,但科技含量却愈来愈高,许多实践问题会逐渐得到解决。

科学施肥、精准化施肥,是今后果树施肥的发展方向。在施肥方面可根据叶分析、土壤分析来确定施肥种类和数量。在对梨树产前、产后的叶分析和土壤分析的基础上,根据梨树的果实生产量和土壤中所消耗的氮、磷、钾数量,生产出符合各种品种需要的配方肥料,使梨树施肥更加科学合理。另外,根据土壤状况和作物需肥规律,推广测土配方施肥技术,施用果树专用肥、缓控释肥。

借助高新技术手段,可减少花果管理用工,提高劳动效率。利用有益昆虫(壁蜂)和机械授粉提高授粉效率,采用机械或化学手段疏花疏果,制定合理的果树产量标准,均是花果省工高效管理的发展方向。

第二,果品更安全、健康。安全、健康、营养、美观是梨果生产和消费的共同目标。随着生活水平的提高,人们对水果安全的要求越来越高,在梨果生产、销售的各个环节都应该严格遵循安全的原则。梨树病虫害防治的发展趋势是无公害、环境友好型的综合防治。采用果园生草等科学土壤管理制度，改善果园生态环境，创造利于天敌生活的生态条件，利用天敌减轻虫害。积极推广无公害的综合防治措施，将农业防治、生物防治、物理防治、化学防治等措施结合，减少化学农药用量，积极使用安全性高、残留低、无公害、生物活性高、费用低、选择性高的新农药。合理使用高效低毒的生物农药，加强生物防治研究和应用，以虫治虫、以鸟治虫和以菌治虫。使用昆虫信息素，用信息素干扰、控制害虫发生。采取综合措施可以减少用药和管理成本，不仅有较好的生态效益，还会有较好的经济效益。

第三，采后处理、包装、贮运更标准化。梨果贮藏量仅为梨果总产量的较少部分，而采后处理和贮运的相关设施较落后，使果实附加值较低，难以适应市场果品竞争的需要。采后处理、包装、贮运标准化是提高梨果商品竞争力的重要手段。

大规模的果品采后处理一般要在专用的果品处理场，从采收到最后的销售一般需要以下流程：

适期采收→挑选(剔除病果、虫果、次果)→清洗→杀菌处理→分级(根据不同的用途、大小、重量、颜色等进行分级)→包装→预冷→冷链物流→贮藏→销售

果品采后处理的核心是分级、预冷、冷链物流及贮藏保鲜。发达国家已建立冷链物流体系，实现果品采后的冷链运输系统，是以温度控制为基础的多种保鲜设施、设备和技术的综合运用。果品从采后的分级、包装、运输、贮藏、货架销售，直至销售的全部过程，均处于适宜的低温条件下，可以最大限度地保持果品的新鲜度及风味。我国的果品冷链物流系统工作刚刚起步，亟需适合我国国情的冷链物流设施和相应的技术。随着我国商品经济和冷链物流技术的发展，具有地方特色的果品采后冷链体系必将得

到迅速发展。

第四,生产组织化和市场销售信息化。农民专业合作社是实现生产组织化和市场销售信息化的重要依托,自《中华人民共和国农民专业合作社法》2007年实施以来,各地形成了大量的合作社,正确引导各种专业合作社,积极参与到我国梨生产销售中来,具有非常重大的意义。目前,企业与农户之间大多是一种松散型关系,借鉴国外成立果品协会的经验,可将分散的千家万户农民组织起来,形成规模较大的经济合作社,以"企业+中介+基地+果农"组织化形式进行梨产业化开发,形成有效的价格约束机制,规范市场秩序,以市场带动生产。加强我国梨生产和市场信息体系建设,使生产者和销售者快速、准确获取国内外技术信息和市场信息,为梨产业获取较高的收益提供信息保证。

第二章
新优品种

一、慈梨品种

（一）起　源

慈梨又称茌梨，已有 400 多年的栽培历史。邵达夫等人认为慈梨、恩梨、冰糖子梨、金香梨、槎子梨、砀山歪把糙梨极为相似，可称为茌梨系，其最早来源可能是金香梨。

慈梨果形不整齐，多近似纺锤形，掐萼后呈倒卵形，单果重 250 克左右，最大单果重可达 600 克；果实浅黄绿色，皮较薄，果点特大，果面粗糙，极不美观；果肉浅黄白色，质地致密而脆，石细胞小而少，果汁多，极甜，芳香，品质极上等。果实 9 月下旬至 10 月上旬成熟。近几十年从慈梨自然实生和杂交育种中选育出了 20 余个品种，慈梨是重要的育种资源。

（二）品种介绍

浙江大学从慈梨的实生后代选出的高产、优质的杭青梨，已经在生产中大面积推广，并作为育种材料得到较多的应用。其后代中翠冠、苏翠 1 号、冀玉、初夏绿等品种得到较大面积的推广。

慈梨作为亲本,其后代鄂梨 2 号、玉绿、锦丰等品种品质上等,早产丰产,有较好的发展前景。

1. 杭青 由浙江农业大学于 1971 年在慈梨实生后代中选出。树势强,结果早,定植 3～4 年即有相当产量。其适应性强,抗病力强,高产。果实为圆形或卵圆形,平均单果重 160 克;果皮色绿,贮后变黄;果心小,肉质松脆,细嫩多汁,味甜微香,含可溶性固形物 12.5%。在杭州地区,果实于 8 月下旬成熟。室温下果实可贮存 1 个月左右。

2. 脆绿 由浙江省农业科学院园艺研究所用杭青×新世纪杂交选育而成的早熟砂梨品种。果实近圆形,果点较大,果面光滑,果皮黄绿色;平均单果重 200 克以上,最大单果重 420 克,果肉白色,肉质细嫩,味甜多汁,含可溶性固形物 12% 左右。花芽极易形成,丰产稳产。在杭州地区 8 月上旬果实成熟。

树姿较直立,结果后稍开张,主干灰褐色,多年生枝浅褐色,表皮光滑。早果性强,苗木栽后第二年挂果,幼龄树以长果枝腋花芽结果为主,成年树以短果枝与果台枝结果为主。

该品种树势中等,花芽极易形成,种植密度可选择 2 米×4米、1 米×4 米等密植方法,成龄后可逐渐变成 4 米×4 米。建园需配置 25%～30% 的授粉树。秋季应施足基肥,谢花后 20 天左右(果实膨大期)施速效肥促进果实膨大。树体前期以拉枝为主,进入结果期后,要加重修剪力度,尽量利用更新枝。该品种需进行疏花疏果、套袋,以提高果品质量。

3. 翠冠 由浙江省农业科学院园艺研究所用幸水×(新世纪×杭青)杂交选育而成。果实近圆形,单果重 230～350 克,果皮细薄,黄绿色,有少量锈斑。果心较小,果肉白色,肉质细嫩而松脆,汁多味甜,含可溶性固形物 12% 左右,其品质超过了日本幸水梨。盛花期为 3 月下旬,成熟期为 7 月上中旬。抗高温能力较强,目前已成为我国南方砂梨栽培区早熟梨的主栽品种。

树势强健,树姿较直立,萌芽率和发枝力强,以长果枝、短果枝结果为主,结果性能很好。1年生嫩枝绿色,茸毛中等,多年生枝深褐色。

该品种树势强,长果枝结果性能好,坐果率高,种植上可先密后疏,可先选用2米×3米、1米×4米等密植方法,成年后可逐渐变成3米×4米、4米×4米。建园需配置25%的授粉树。秋季应施足基肥,在果实膨大期施速效肥并结合喷药根外追施0.2%磷酸二氢钾,以促进果实膨大。采用长放拉枝与短截相结合,促使树冠形成,提高其早期产量。该品种需进行疏花疏果、套袋提高果品质量。

4. 苏翠1号 由江苏省农科院园艺研究所于2003年用华酥×翠冠杂交选育而成,为优质早熟大果形梨品种。果实倒卵圆形,平均单果重260克,最大单果重380克。果面平滑,蜡质多,果皮黄绿色,果锈极少或无,果点小、疏。梗洼中等深度。果心小,果肉白色,肉质细脆,石细胞极少或无,汁液多,味甜,含可溶性固形物13%左右。山东泰安地区7月中下旬成熟。

树体生长健壮,枝条较开张,成枝力中等,萌芽率88.56%。1年生枝条青褐色;叶片长椭圆形,叶面平展,绿色,叶尖急尖,叶基圆形,叶缘钝锯齿。每花序5~7朵花,花药浅粉红色,花粉量多。定植第三年开始结果,早果丰产性强,抗锈病、黑斑病。

为使新建园获得较高的早期产量,种植上可先密后疏,开始种植密度可选择2米×4米、2米×2.5米、2米×3米等密植方法,成年后可逐渐变为4米×4米、4米×5米、4米×3米。加强土肥水管理,花后追肥1次,秋后施足基肥,加大疏花疏果力度,配置20%左右的授粉树。

5. 寒露梨 由吉林省农科院果树研究所用延边大香水×杭青种间杂交选育而成的抗寒梨新品种。果实黄绿色,短圆锥形,平均单果重220克,最大单果重320克。果心较小,果肉白色,肉质酥脆,多汁,酸甜,石细胞少,有香气,含可溶性固形物 14％左右,可溶性糖 9.01％,可滴定酸 0.2％,维生素 C 0.68 毫克/100克,品质上等。吉林中部地区 9 月中下旬果实成熟。

树势中庸,干性弱,较开张。萌芽率中等,成枝力较强。叶片长椭圆形,长尾尖,叶基圆形,叶缘单锯齿状。花冠中大,花药粉红色,花粉量大。以短果枝结果为主,果台连续结果能力强,大小年现象不明显。抗寒能力较强,抗黑星病和轮纹病能力强。

适宜在吉林省中南部、黑龙江省牡丹江、辽宁中西部等年平均温度≥5℃的地区引种栽植。株行距 3 米×4 米或 4 米×5 米。以苹香梨、寒红梨为授粉品种,配置比例为 3∶1 或 5∶1。加强肥水管理和桃小食心虫防治。幼龄树上冻前灌封冻水,进行树干涂白防日灼,树根颈部埋土堆防寒处理。

6. 冀玉　由河北省石家庄果树研究所用雪花梨×翠云梨杂交选育。果实椭圆形,平均单果重 260 克。果面绿黄色,蜡质较厚,果皮较薄、光洁无锈,果点小。果肉白色,果心小,肉质细腻酥脆,汁液丰富,风味酸甜适口,有芳香,石细胞少,含可溶性固形物12.3％左右,综合品质上等。山东泰安地区 8 月中旬成熟。室温下可贮藏 20 天以上。

树冠半圆形,树姿半开张。树势强健,萌芽率、成枝力中等。以短果枝结果为主,幼旺树腋花芽结果明显,果台副梢连续结果能力中等,优质、丰产,高抗黑星病。

栽植密度 3 米×4～5 米为宜,可与鸭梨、早冠等互为授粉品种。树形采用单层一心形或疏散分层形。幼龄树需拉枝造型,并对结果枝组进行回缩更新。秋后施足基肥,萌芽期和果实成长期追施速效氮肥,果实发育后期以磷、钾肥为主。可选用甲基硫菌灵、代森锰锌、吡虫啉、阿维菌素等高效低毒药剂防治轮纹病、梨木虱、黄粉蚜、康氏粉蚧等病虫害。果实套袋宜选用单层白蜡袋或外黄内白双层袋。

7. 西子绿　由原浙江农业大学园艺系用新世纪×翠云杂交选育出的优质早熟品种。果实中等大,扁圆形,平均单果重 190 克,最大单果重达 300 克。果皮黄绿色,果点小而少,果面平滑,有光泽,有蜡质,外观极美。果肉白色,肉质细嫩,疏脆,石细胞少,汁多,味甜,含可溶性固形物 12% 左右,品质上等。浙江杭州地区 7 月下旬成熟。较耐贮运。

该品种生长势中庸,树势开张。萌芽率和成枝力中等。以中短果枝结果为主。树皮光洁,多年生枝黄褐色,1 年生枝棕褐色,嫩叶黄绿色。叶尖渐尖,叶基圆形,叶缘呈较浅锯齿状。定植第三年结果。对裂果抗性较强,对黑星病、锈病抗性较强。

栽培时,宜选择土壤好的地块,注意加强肥水管理,幼龄树适当增大分枝角度,修剪时注意培养短结果枝组,连续结果后及时回缩,促发长枝;注意疏果,增大果形,以达到丰产、稳产的目的。

8. 翠玉　浙江省农业科学院园艺研究所用西子绿×翠冠杂交选育而成的特早熟梨品种。果实圆整、端正,平均单果重 230 克以上,最大单果重 375 克。果皮浅绿色,果面光滑,无或少量果锈,果点小,萼片脱落,外观十分美观。果肉白色,肉质细嫩,味甜多汁,无石细胞,果心小,含可溶性固形物 12% 左右,品质上等,贮藏性好。山东泰安地区 7 月下旬成熟。

树势中庸健壮,树姿半开张,成年树主干树皮光滑、灰褐色。1 年生枝阳面为褐色。叶亮绿色,叶片卵圆形,叶基圆形,叶尖渐尖,叶缘锐锯齿状。花白色,花药紫红色,花粉量较多,每花序 5～8 朵花。花芽极易形成,中、短果枝结果能力强。不易裂果,对高温高湿抗性较黄花梨、翠冠梨强,不发生早期落叶现象,对黑星病、炭疽病等抗性较高。

选择土层较厚、肥力中上、土质疏松、光照充足的黄壤土或沙壤土栽植,山地株行距 4 米×4 米,平地 3 米×4 米或 4 米×4 米。配置翠冠梨或黄花梨为授粉品种,配置比例为 4～5：1。

9. 初夏绿　由浙江省农业科学院园艺研究所用西子绿×翠冠杂交选育而成的特早熟梨品种。果实圆形或长圆形,平均单果重 250 克。果皮浅绿,果点较大,萼片脱落,果锈少。果肉白色,肉质松脆,味甜多汁,含可溶性固形物 12% 左右,可溶性糖 7.48%,可滴定酸 0.06%,维生素 C 含量为 0.415 毫克/100 克,品质较好,较耐贮藏。在山东泰安地区 7 月下旬成熟。

树势健壮,树姿较直立,成年树主干树皮光滑,1 年生枝阳面为黄褐色,嫩枝表面无茸毛。叶片亮绿色呈卵圆形,叶基圆形,叶尖渐尖,叶面平展。花瓣白色,花药浅紫红色,花粉量较多。花芽极易形成,早产、丰产性强。

长果枝结果性能好,坐果率高,种植上可先密后疏,先选用 2 米×4 米、2 米×3 米、1 米×4 米等密植方法,成年后可逐渐变成 3 米×4 米、4 米×4 米。建园需配置 25%～30% 的授粉树,可选择清香、翠冠等品种。幼龄树需采用疏枝与拉枝相结合的整形修剪方法,促进树冠快速形成,提高其早期产量。秋季应施足基肥,在果实膨大期施速效肥并结合喷药根外追施 0.2% 磷酸二氢钾,促进果实膨大。需在大小果分明时进行疏花疏果,及时套袋提高果品质量。

10. 苏翠 2 号　由江苏省农科院园艺研究所用西子绿×翠冠杂交选育而成的早熟砂梨新品种。该品种果实圆形,平均单果重 270 克。果面平滑,果皮黄绿色,无果锈。果肉白色,肉质细脆,石细胞极少,味甜多汁,含可溶性固形物 12% 左右。在江苏南京地区 7 月中下旬成熟。

树体健壮,半开张。成枝力中等,萌芽率高。该品种花芽极易形成,连续结果能力强,坐果率高。可先采用 2 米×5 米、2.5 米×4 米的栽植密度,成年后间伐至 4 米×5 米的株行距。需配置 25%～30% 的授粉树,可选择黄冠、丰水等为授粉品种。树形可采用开心形及小冠疏层形。幼龄树要轻剪,多留辅养枝,采用疏枝、拉枝与摘心相结合的方法,利于树冠早成形、早结果。

11. 中香梨 由莱阳农学院(现青岛农业大学)园艺系以慈梨×栖霞大香水杂交选育出的中晚熟品种,曾于 1985 年在辽宁兴城渤海湾梨树会议上被定为全国试栽品种。果实卵圆形,平均单果重 233 克,果皮绿色,果面较粗糙,果点小而密,无果锈。果肉白色,疏脆,肉质细嫩,石细胞少,味甜多汁,含可溶性固形物 12.6% 左右。山东泰安地区 9 月上旬成熟。

12. 鄂梨 2 号 由湖北省农科院果茶蚕桑研究所用中香作母本,43-4-11(伏梨×启发)作父本选育而成的梨新品种。果实倒卵圆形,平均单果重 200 克,最大单果重 330 克,果实底色绿色,果面黄绿色,具有蜡质光泽,果点中大、中多,果面平滑。果肉白色,肉质细、嫩、脆、汁多,石细胞极少,味甜,微香,含可溶性固形物12%～14.7%,果心极小,品质上等。山东泰安地区 8 月上旬成熟,果实耐贮运。

树姿半开张,树冠圆锥形,萌芽率高,成枝力中等。幼旺树腋花芽结果能力极强,盛果期以短果枝、腋花芽结果为主,早果丰产性强,高抗黑星病。

该品种宜采用双层开心形或小冠疏层形,株行距宜为 2～3米×4 米。幼龄树生长势强旺,应拉枝开角,夏季修剪以拉枝、摘心、抹芽为主;冬季修剪回缩、甩放、短截相结合(过弱枝更新,强枝甩放)。秋后施足基肥,配置 25% 左右的授粉树。

13. 玉绿 由湖北省农科院果树茶叶研究所用慈梨×太白杂交选育的优质早熟砂梨品种。果实近圆形,平均单果重 270 克,最大单果重 433.9 克。果皮绿色,果点小而稀,果面光滑,无果锈,有蜡质。果肉白色,肉质细嫩,石细胞少,汁多,酸甜可口,含可溶性固形物 10.5%～12.2%。山东泰安地区 8 月中旬成熟。

该品种树势中庸,树姿半开张,树冠阔圆锥形,萌芽率较高,成枝力中等。幼旺树长果枝和腋花芽结果能力较强,进入盛果期后以短果枝和腋花芽结果为主,中、长果枝也具有较强的结果能力。结果早,易丰产。

山区、丘陵或较瘠薄的土地可采用 2 米×4 米株行距;土壤肥沃地区可采用 2～3 米×4 米株行距。以翠冠、圆黄、鄂梨 2 号等作授粉树,配置比例为 4～5∶1。秋后施足基肥,盛果期追肥,保持树势生长健壮。

14. 锦丰梨 由中国农业科学院果树研究所用苹果梨×慈梨杂交选育的优质晚熟、抗寒品种。果实近圆形,平均单果重 280克,果皮黄绿色,果面平滑有蜡质光泽,果点大而明显;果肉白色,肉质细、松脆,汁液特多,风味浓郁,酸甜可口,微香,含可溶性固形物 13%～15.7%,品质极上等。在辽宁锦州地区 9 月底至 10月初成熟,耐贮藏性极强。

该品种树势强健,干性强,树冠开张,萌芽率、成枝力均较高,早果丰产性强。以短果枝结果为主,有腋花芽结果习性。抗寒性和抗黑星病能力强。土壤肥沃地区采用 3 米×4 米株行距。以早酥、鸭梨、苹果梨等作授粉树,配置比例为 3∶1。

15. 大慈梨 由吉林省农科院果树所用大梨×慈梨杂交选育的优质晚熟梨品种。果实长卵圆形或椭圆形,平均单果重 200克,最大单果重 550 克;果皮浅黄色,少数果面阳面微红晕,果点小而平,被较薄蜡质。果肉黄白色,质地细脆,味酸甜可口,有香气,含可溶性固形物 13%～15%,品质上等;可做冻梨,肉质细腻,酸甜多汁,适口性极佳。吉林地区果实 9 月下旬成熟。

树冠为圆锥形,幼龄树较直立,生长势旺盛,萌芽率高,成枝力中等,进入结果期后树势自然开张。前期以长果枝结果为主,后变为以短果枝结果为主。土壤肥沃地区株行距 3 米×3～5 米。以南果梨、苹果梨等作授粉树,配置比例为 3∶1 或 5∶1。

16. 新慈香梨 由山东农业大学用新梨七号×慈梨杂交选育的晚熟梨新品种,2012 年通过山东省作物品种审定委员会审定。

果实倒卵形,果皮黄色,平均单果重 500 克;果肉白色,果实含可溶性固形物 13.5％左右。

二、鸭梨品种

(一)起 源

鸭梨,别名鸭嘴梨,原产于河北省,是我国古老的优良白梨品种。河北、山东、山西等地栽培最多,辽宁、甘肃、新疆等地均有栽培。

鸭梨果实中等大,平均单果重 159 克,最大单果重 400 克。果实倒卵形,梗侧常有突起,并具有锈块。采收时果皮黄绿色,贮藏后变黄色,果面光滑,果点小。果肉白色,质细而脆,汁液极多,味淡甜,含可溶性固形物 12％左右,较耐贮藏。树势强,成年树以短果枝结果为主,部分腋花芽可结果。选用早酥、砀山酥、雪花梨等品种进行授粉。

(二)品种介绍

在生产中,发现了 10 余个鸭梨芽变品种,均表现出果个变大、品质更佳的特点;在杂交育种中可作为父本和母本,现已选育出 20 余个优良后代。

1. 金玉梨 由衡水市林业局科技人员于 1980 年发现的 1 株 5 年生鸭梨自然实生树,可免疫黑星病,高抗梨椿象和褐斑病,而且表现为优质丰产,即金玉梨。单果重 210 克左右,多数具鸭嘴,色泽金黄,果锈少,果形正,含可溶性固形物 9.5％左右,甜味浓。比鸭梨约早熟 10 天,贮藏期不得黑心病。

2. 五九香 由中国农科院果树研究所用鸭梨×巴梨杂交选育出的品种。果实呈粗颈葫芦形,顶部略瘦,平均单果重 345 克,最大单果重 751 克。果皮黄绿色,果面光滑,向阳面有淡红晕。

果肉呈淡黄色,肉质中粗而脆,采收后即可食用,常温下存放 10 天左右肉质会变软,汁液多,味酸甜,具有芳香气味,含可溶性固形物 13.3％～14.6％,品质上等。山东泰安地区 8 月下旬至 9 月初成熟。

该品种长势较强,萌芽率高,成枝力中等。以短果枝结果为主,果台副梢连续结果能力强,丰产、稳产。

树冠紧凑,适合中度密植栽培,株行距 2 米×4 米,可用酥梨等品种授粉,配置比例以 4∶1 为宜。树形可采用自由纺锤形和小冠疏层形。该品种产量高,必须加强肥水管理,秋后应施足基肥;抗寒力较强,较抗腐烂病,并注意防治食心虫及轮纹病。

3. 寒酥梨 由吉林省农科院果树研究所用大梨×晋酥梨杂交选育的抗寒品种。果实圆形,果形整齐,平均单果重 260 克,最大单果重 540 克,果皮绿色,果面光滑,果点不突出,无果锈。果肉白色,质地酥脆多汁,石细胞少,果心小,味酸甜,含可溶性固形物 13.5％左右,品质上等。

树体强健,干性强,生长旺。树冠饱和,萌芽率中等,成枝力较强。以短果枝结果为主,抗寒性、抗病性强,高抗黑星病,果实不染轮纹病。吉林地区 9 月下旬成熟。

可采用小冠疏散分层形整形,幼龄树以轻剪为主,尽可能保留枝量,以获得早果丰产。株行距 3 米×4 米或 4 米×5 米,授粉品种为苹果梨、寒露梨等,配置比例为 3∶1 或 5∶1。

4. 二宫白 由日本用鸭梨×真愉杂交育成。果实中大,平均单果重 136.7 克,最大单果重 200 克以上。果实倒卵形。果皮黄绿色,果面光滑,果点小而稀,外观美。果心较小,果肉白色,肉质细嫩、疏脆,石细胞少,汁多,味酸甜,含可溶性固形物 11.29％左右,可滴定酸 0.315％,维生素 C 3.58 毫克/100 克,品质上等。山东济南、阳信等地 7 月底采收,耐贮性较差。

幼龄树生长健壮、直立,成年树冠中大、开张。萌芽率高,成枝力低,以短果枝及短果枝群结果为主,并有腋花芽结果,果台有抽生副梢能力,但连续结果能力不强,枝组寿命也短。肥水不足、留果偏多时,果实小且易隔年结果。二宫白花序坐果率高,常有簇生果。

二宫白适宜株行距为 3 米×4～5 米,宜用菊水等品种授粉。整形以疏散分层形为好。修剪前期宜轻剪,进入盛果期后,则要注意疏花、疏果,增大单果重。二宫白适应性较强,抗旱、抗风、抗黑斑病,耐涝差,易感黑星病,需注意防治。

5. 华梨 2 号　又名玉水,由华中农业大学用二宫白×菊水杂交选育的早熟、优质砂梨品种。果实圆形,平均单果重 180 克,最大单果重 400 克。果面黄绿色,光洁、平滑,有蜡质光泽,果锈少。果皮薄,果点大、中密,外形较为漂亮美观,梗洼浅而狭,萼洼中深、中广,萼片脱落。果肉白色,肉质细嫩酥脆,汁液丰富,酸甜适度;果心小,石细胞很少,含可溶性固形物 12% 左右,品质上等。湖北武汉地区 7 月中旬成熟。果实较耐贮藏,室温下可贮放 20 天左右,在冷藏条件下可贮藏 60 天以上。

树冠较小,圆头形或圆锥形,树姿开张。枝干粗糙,灰褐色;多年生枝粗糙,灰褐色;1 年生枝红褐色,弯曲,较稀。叶芽小而细长,花芽长椭圆形,叶片长椭圆形,花蕾淡粉红色,花冠白色,花瓣卵巢形。树势中庸,萌芽率较高,发枝力中等。幼龄树以长果枝结果为主,成年树以短果枝结果为主,果台连续结果能力较强。采前落果很轻,并具结果早、高产稳产等特性。

适于在华中、华东、西南等南方砂梨适栽的梨产区栽培,适应性较强。耐高温多湿,在肥水管理条件较差和负载过量等情况下果个偏小。抗病力一般,对黑星病和黑斑病的抗性强于父母本。

6. 早翠　由华中农业大学用跃进×二宫白杂交选育。果实近圆形,中大,平均单果重 142 克,最大单果重达 200 克甚至以上。果皮绿色,果皮薄,果面平滑有光泽。果点中大,果肉绿白色,质细松脆,石细胞少,汁较多,味酸甜适度,含可溶性固形物11％左右,品质上等。在辽宁兴城 8 月上旬成熟,室温下果实可存放 1 个月左右,不耐贮。

树势中庸,树姿开张,分枝角度大,中心主枝弱,树冠较小而紧凑,层性不明显,适于矮化密植。芽萌发力强,成枝力及枝梢生长都较强。叶平展,小而厚,色浓,叶缘钝锯齿状。花芽形成容易,坐果率高,一台坐 3～4 个果。结果早,产量高,连续结果能力强。嫁接树在正常管理情况下,一般于定植后第二年即可开始结果。授粉品种可用二宫白、中翠等。

该品种品质好,早熟,丰产,适宜密植,便于管理。适应性广,对土壤要求不严,抗病力强,对梨锈病、黑斑病、粗皮病和梨黑星病均有较强的抵抗力。抗寒力中等,可在长江中下游及其他地区的城市近郊、工矿区适度发展,以提早供应市场。

7. 早冠梨 由河北省农林科学院石家庄果树研究所用鸭梨×青云杂交培育而成。果实近圆形,单果重 230 克左右。果面淡黄色,果皮薄,光洁无锈,果点小。萼片易脱落。果肉洁白,果心小,肉质细腻酥脆,汁液丰富,酸甜适口,并具鸭梨的清香,石细胞少,无残渣,口感极佳,含可溶性固形物 12％以上,总糖 9.28％,总酸0.158％,维生素 C 含量为 0.256 毫克/100 克,综合品质上等。在石家庄地区果实 7 月下旬或 8 月上旬成熟,较黄冠梨早成熟 15 天左右。

树势强,树冠圆锥形,树姿半开张。主干灰褐色、有纵裂,多年生枝红褐色,1 年生枝黄褐色。叶片椭圆形,幼叶红色,成熟叶片深绿色,叶缘具刺毛齿。花冠白色,花药浅红色,一般每花序 8朵花。萌芽率中等(55.9％),成枝力弱(剪口下可抽生 15 厘米以上枝条 2.55 个)。以短果枝结果为主,幼旺树腋花芽结果明显,具良好的丰产性能。

华北地区栽植密度 3 米×4～5 米为宜,可与鸭梨互为授粉品种。采用疏散分层形,幼龄树期做好拉枝造型工作,盛果期树每667 米^{2}留枝量应在 4 万～5 万。套袋宜选用单层白蜡袋或外黄内白双层袋。秋施基肥为主,每 667 米^{2}施优质有机肥 4 000 千克,萌芽期和果实速长期应追施适量速效氮肥,果实发育后期以磷、钾肥为主。水分管理以前期保证、后期控制为原则。该品种高抗黑星病,须重点防治轮纹病、梨木虱、黄粉蚜、康氏粉蚧等病虫害。

8. 雅青梨　由浙江大学用鸭梨×杭青杂交选育。果实广卵圆形,单果重 250～300 克。果皮绿色,充分成熟后转黄绿色,果点小而稀,果皮光滑,外观美。果肉洁白,肉质细嫩而脆,汁多味甜,含可溶性固形物 11％～12.5％,品质上等。果心小,可食率高,耐贮藏。果实成熟期为 9 月中下旬。

树势强健,树型大,树姿半开张,树冠半圆形。主干灰褐色,1年生枝淡褐色,叶椭圆形,花白色。萌芽力和发枝力强,花芽易形成,结果性能好,坐果率高,甚丰产。

栽植密度可采用 3 米×3.5 米、3 米×4 米或 3.5 米×4 米等株行距。海涂垦区土壤比较瘠薄,应采用中密度栽植,株行距采用 2.5 米×3 米或 3 米×3 米。树形可采用疏散分层形或多主枝自然圆头形,沿海地区风较大,还可采用矮干三主枝自然开心形或棚架栽培。

9. 中华玉梨　由中国农科院郑州果树研究所用栖霞大香水梨×鸭梨选育的晚熟品种。果实粗颈葫芦形或卵圆形,平均单果重 280 克,最大单果重 600 克。果皮黄色,光滑,果点小而稀。果实套袋后外观洁白如玉,很漂亮。柄洼深狭,萼洼中深广,萼片易脱落。果肉乳白色,石细胞极少,汁液多,果心小,肉质细嫩松脆,甘甜爽口,味浓,含可溶性固性物 12％～13.5％,总糖 9.77％,总酸 0.19％,维生素 C 7.692 毫克/100 克。综合品质优于砀山酥梨和鸭梨。河南郑州地区 9 月底或 10 月初成熟,并可延迟到 10 月底采收,无落果现象。

中华玉梨树势中庸,树姿半开张。1 年生枝顶端较细弱,易下垂,黄褐色,皮孔灰白色,多年生枝棕褐色。叶片卵圆形,绿色,革质、平展;叶缘钝锯齿状,刺芒较长。叶芽中等大小、卵圆形,花芽肥大、心脏形。每花序花朵数 5～8 个,花冠白色。生长势中等,成枝力中等,萌芽率高。结果早,一般栽种后 3 年即可结果,5 年生株产可达 30 千克。以短果枝结果为主,中、长果枝也能结果,果台枝连续结果能力强。花序坐果率达 89％,花朵坐果率 42％。自花结实率很低,需配植授粉树或人工辅助授粉才可结果。丰产稳产,无大小年结果和采前落果现象。

10. 晋酥梨 由山西省农科院果树研究所用鸭梨×金梨杂交育成。果实大,一般单果重 200～250 克,长圆形或卵圆形。果皮黄色,细而光洁,果皮薄。果肉白色,果心小,质地细嫩,松脆多汁,酸甜适口,味浓,含可溶性固形物 11％～13.7％,可溶性糖 10.46％,可滴定酸 0.12％,维生素 C 含量为 8.41 毫克/100 克,品质上等。在山西太谷地区果实 9 月下旬成熟,较耐贮藏。

树姿半开张,枝条中密或较稀,3～5 年生枝黄褐至红褐色,1 年生枝黄褐色。叶芽较小,贴生或半离生,花芽中大。叶片浓绿色,较大、较厚,卵形至阔卵形,基部近圆至平截,先端突尖或尾尖,两侧微向上卷,边缘曲成浅波状。叶缘锯齿中大、中密,刺毛中长,叶基锯齿浅而小,有的齿端有刺毛。每序 6～8 朵花,花蕾及初开花边缘红色,花瓣白色,近圆形。晋酥梨的适应性及抗逆性较强,结果早,丰产稳产。果形大,外观美,肉细松脆,汁液特多,较耐贮藏。该品种不足之处是风味稍淡,甜度不如晋蜜梨、酥梨等,但比鸭梨味浓。可在山西、陕西、云南、江苏等省适栽区种植。

11. 寒红梨 由吉林省农业科学院果树研究所用南果梨×晋酥梨杂交选育的抗寒品种。果实圆形,平均单果重 200 克,最大单果重 450 克。果皮多蜡质,底色鲜黄,阳面艳红,外观美丽。肉质细、酥脆多汁,石细胞少,果心中小,酸甜味浓,具有一定的南果梨特有的香气,含可溶性固形物 14%～16%,品质上等。在吉林省中部地区 9 月下旬成熟。普通窖内可贮藏 6 个月以上。

树冠呈圆锥形,树干灰褐色,多年生枝暗褐色,表面光滑,1 年生枝黄褐色。叶片长椭圆形,叶尖渐尖,叶基圆形。花白色,花粉量大,每花序 7～8 朵花。树体强健,长势旺盛,萌芽率较高,成枝力中等。初果期以长果枝结果为主,短果枝次之,中果枝和腋花芽也有结果;进入丰产期后以短果枝结果为主。自花结实率低,生产上必须配置授粉树,适宜授粉品种为苹香梨、金香水梨等。

果园应建在地势较高的地方,以利于果实着色,并能相对提高树体抗低温能力。栽植株行距以 3 米×4 米或 4 米×5 米为宜,宜采用小冠疏层形,树高控制在 3 米左右。幼龄树生长旺盛,可采用拉枝开张角度。盛果期对老化枝组应及时回缩、更新。

三、库尔勒香梨品种

(一)起 源

库尔勒香梨原产于新疆维吾尔自治区南部,至今已有 1 300 年的栽培历史,为古老的地方优良品种。库尔勒香梨结果早、丰产、品质优良,在中国多次梨果品评中名列前茅,为瓜果中的佳品,驰名中外。

果实倒卵圆形、纺锤形或椭圆形,不规则,中等大小,平均单果重 113.5 克。果皮黄绿色,阳面有红晕,果面光滑或有纵向浅沟,蜡质较厚,果点小而密,果皮薄。果肉白色,质脆,肉质细嫩,石细胞少,汁液多,味甜,有香味。果实 9 月中下旬成熟,极耐贮藏。

（二）品种介绍

目前,我国已发现约 27 个香梨芽变新品种或品系。其中,品质较突出的为新梨 2 号,大果芽变沙 01、02、03 等。在以香梨为育种材料时,多以香梨为母本进行杂交,并获得了 16 个品种或品系。

1. 新梨 1 号 由新疆生产建设兵团农二师农科所用香梨×砀山酥梨杂交育成。果实为椭圆形或倒卵形,平均单果重 200 克,最大单果重 300 克以上。果皮底色绿色,阳面覆红晕,果点小、密、半隐。果肉乳白色,质细、酥脆,汁液多,石细胞少,风味浓甜,微香,含可溶性固形物 13%～14%,可溶性糖 11.3%,总酸 0.075%,品质上等。9 月中旬成熟,比香梨早熟 10～15 天,耐贮藏,抗寒力强。

幼龄树生长势强旺,树姿较开张,萌芽力强,成枝力中等。1 年生枝条粗壮,皮色褐黄,皮孔椭圆形,稍稀、灰白色、大、微凸,嫩梢茸毛少。叶芽中大,呈钝三角形,花芽呈圆锥形。叶片阔卵圆形,大而肥厚,叶色深绿,叶面平展或微抱合,叶基圆形,叶尖渐尖,叶缘锯齿刺芒状。以短果枝结果为主。

新梨 1 号喜深厚肥沃的沙质壤土,对肥水要求较高,适宜栽植密度为 4～6 米。以基部三主枝疏散分层形造型为宜。因其喜光性强,全树一般保留 5 个主枝,层间距应加大至 1.5～1.8 米。幼龄树修剪以轻剪长放为主,骨干枝、延长枝剪留长度应在 60 厘米以上;辅养枝长放加上拉枝、扭枝等措施,对于缓和树势、促进成花效果显著,应作为夏季修剪的重要手段;结果后逐渐回缩,培养成各类结果枝组。因其枝条质脆易折,撑、拉开角宜在夏季进行。进入盛果期后,应加强肥水管理,及时更新复壮,促发中、长枝,适量留果,以防早衰。控制果树上层枝量,保持内膛有良好的通风透光条件。加强红蜘蛛的防治,减少青头病果的发生。

2. 金佛梨 由巴州农校从香梨×砀山酥梨的杂种一代的芽

变中选育而出。该梨果实为扁圆形,果皮绿色,肉质细,汁液多,果心小。果个大,平均单果重 445 克,含可溶性固形物 13.1% 左右。该品系枝粗叶厚,叶脉粗,花器大,果实大,是四倍体芽变。因为该品种含有香梨、砀山酥梨遗传基因,因此是难得的多倍体研究材料与育种材料,同时也有一定的生产栽培价值。

3. 新梨 6 号 由新疆库尔勒市农二师农科所用库尔勒香梨×苹果梨杂交选育的抗寒、早果、丰产的优良品种。果实扁圆形,平均单果重 191 克,最大单果重 296 克。果皮底色青黄,阳面有紫红晕,果皮薄。果肉乳白色,肉质松脆,汁液多,风味酸甜适口,含可溶性固形物 13.9%,品质上等。果实 9 月中旬成熟,较耐贮藏。

树冠自然圆锥形,树姿较开张。幼龄树生长健旺,多年生枝灰褐色,1 年生枝青灰色,枝条形态微曲,着生姿态平斜;皮孔中稀,椭圆形,节间中长。叶片卵圆或椭圆形,中大,叶尖突或渐尖,叶基圆形或楔形,叶缘锯齿状。叶柄中长、中粗,叶片肥厚,叶色深绿,叶面多褶皱。以短果枝结果为主。在自然状态下极易成花,坐果率高,花序坐果率在 60% 以上,平均每花序坐果 2.6 个。

树形宜采用疏散分层形,修剪上要适当加大层间距(1.5～1.8 米)。冬剪时合理留枝、留花,盛果期树注意结果枝更新,抬高枝条角度,以保证每年有健壮的结果枝,并加强肥水管理,防止树势衰弱。

4. 新梨 7 号 由新疆阿拉尔塔里木农垦大学用库尔勒香梨×早酥杂交育成的早熟新品种。果实为椭圆形,单果重 150～200 克,最大单果重 310 克。果皮底色黄绿色,阳面有红晕,果皮薄,果点中大、圆形。果柄短粗,果梗部木质化。果肉白色,汁多,质地细嫩,酥脆,无石细胞口感,果心小,风味甜爽,清香,果实平均含可溶性固形物 12.2%。不套袋的果实 6 月中旬着色,套袋果实皮色呈乳黄色,果点小。新梨 7 号 7 月下旬采收,采收的果实在常温下可贮藏 1 个多月,随采收期的延长,果皮变薄,果皮具有蜡质感,果实自然失水率低,果实病害少。9月采收的果实品质不变,单果重增大,在室温下可贮藏到第二年的2～3月份。果实耐长距离的运输。

新梨7号生长势强,幼龄树分枝角度大。1年生枝萌芽率高,成枝力强,易发二次分枝。新梢摘心易发生分枝,所以树冠成形快,结果枝组易于培养,早期丰产。1年生枝甩放后易抽生短果枝,结果后回缩,易形成强壮的结果枝组,其更新能力强。高接换头成形快,当年抽生副梢并形成花芽,第二年开始结果,第三年可进入丰产期。高接换头第三、第四年基本恢复树冠,其单株花序量能达405～535个。由于采收期早,秋芽芽体饱满,树体连年丰产结果力强,无大小年结果现象。

新梨7号的遗传背景广阔,风土适应性强,树体抗盐碱、耐旱力强、耐瘠薄,较抗早春低温寒流。新梨7号树体和果实的抗病能力强。凡是香梨、早酥、苹果梨、巴梨品种的适栽地域都是它的适宜栽培发展区。大冠形宜采用疏层形,小冠形可用纺锤形。该品种必须配置授粉树,辅助人工授粉。授粉品种可选用鸭梨、香水梨、雪花梨、杨山酥梨、巴梨等花粉量较大的品种。砧木可选用野生杜梨、沙梨、豆梨等。肥水供应要满足丰产性需要。进入结果盛期后,要控制果实负载量,防止因结果过多造成结果枝组的劈伤,同时也能提高大果比率。由于果实成熟早,溢香,所以易受鸟害,须注意保护果实。

5. 新梨9号 由新疆兵团第二师农科所用库尔勒香梨×苹果梨杂交培育的优良品种。果实近圆形,宿萼,萼洼浅广,平均单果重185.5克,果形端正。果皮底色黄,阳面红晕较多,光亮,果皮中厚,果点小而密。果梗木质,柔韧性强,抗风。果肉乳白色,肉质松脆,果汁多,风味酸甜适口,含可溶性固形物14.3%左右,维生素C含量为0.49毫克/100克,水解后还原糖9.5%,果实品质上等,综合性状优良。果实9月中旬成熟,耐贮性强。

树冠自然圆锥形,树姿较开张。幼龄树生长健壮,多年生枝灰褐色,1年生枝黄褐色,枝条着生姿态平斜,皮孔小,中密,椭圆形,节间中长。叶片卵圆形或椭圆形,中等大,叶尖突或渐尖,叶基圆形或楔形,叶缘锯齿状;叶柄中等长,中等粗;叶片肥厚,深绿,叶面有皱褶。叶芽小,三角形,贴伏着生。花芽大,卵圆形,贴生。

新梨 9 号树势强健,萌芽力强,成枝力中等,以短果枝结果为主,占 49.3%,腋花芽结果占 29.8%,长果枝结果占 8.3%,中果枝结果占 12.6%。在自然状态下极易成花,坐果率高,花序坐果率在 67.3%以上,平均每花序坐果 2.6 个。该品种产量高,前期平均产量是库尔勒香梨的 2~3 倍,表现出早果、丰产的优良特性。

树形宜采用"3+1"形式(改进的疏散分层形),修剪上要适当加大层间距至 1.5 米,冬剪时合理留枝、留花,盛果期要注意结果枝的及时更新与复壮,抬高枝条角度,以保证每年都有健壮的结果枝,并加强肥水管理,防止树势衰弱。

6. 红香酥 由中国农业科学院郑州果树研究所用香梨×鹅梨杂交育成的红皮梨优系。该梨果实中大,平均单果重 160 克,最大单果重 240 克,长卵圆形或纺锤形,2/3 为果面鲜红色,果皮光滑,蜡质多。果肉白色,肉质较细,酥脆,石细胞少,汁液多,香甜味浓,含可溶性固形物 13%~14%。河南郑州地区 9 月中旬成熟,果实耐贮,品质极上等。

树冠圆锥形,树势中庸,树形较开张。萌芽力强,成枝力中等。嫩枝黄褐色,老枝棕褐色,皮孔较大突出,卵圆形。叶芽细圆锥形,花芽圆锥形,芽基稍宽。叶片卵圆形,叶片深绿色、平展,叶缘细锯齿且整齐,叶基圆形。以短果枝结果为主,花序坐果率较高为 89%。高接树 2 年即开始结果,采前落果不明显。

红香酥梨生长势中庸,树姿较开张,坐果率高,适应性强而易于栽培管理,凡能种植库尔勒香梨的产区均可栽培此品种。沙荒薄地及灌溉条件差的地区可密植,通常采用 2 米×4 米或 3 米×4

米的株行距；土壤肥沃、排灌良好的地区可采用 3 米×5 米的株行距。该优系自花不实，需配置授粉树。以砀山酥梨、雪花梨或库尔勒香梨作为授粉品种为好。

四、雪花梨品种

（一）起　源

雪花梨产于河北定州市一带，为当地最优良的主栽品种。山西代县、太远和陕西渭北地区均有栽培。

雪花梨果实中大或大，果实呈长卵圆形，单果重 173～226克。果皮黄绿色，贮后变黄色，有蜡质光泽，果点褐色，小而密。果心小，果肉白色，肉质细脆，汁液多，味淡甜，含可溶性固形物 11.6％左右，可溶性糖 4.6％，可滴定酸 0.11％，品质中上等或上等。果实较耐贮藏，一般可贮藏至翌年 2 月份。

（二）品种介绍

雪花梨在育种中多以母本为亲本。浙江农业大学以其为母本选育出的雪青品系，河北省农林科学院石家庄果树研究所选育的冀蜜、黄冠等均有较大面积的栽培。

1. 冀蜜　由河北省农林科学院石家庄果树研究所以雪花梨为母本、黄花梨为父本杂交选育而成。果实为椭圆形，个大，平均单果重 258 克。果皮绿黄色，有光泽，较薄。果肉白色，肉质较细，石细胞和残渣含量少，松脆多汁，果心小，风味甜，含可溶性固形物平均为 13.5％，总糖、总酸、可溶性糖及维生素 C 含量分别为 8.72％、0.17％、7.52％和 4.96 毫克/100 克，品质极上等。果实 8 月下旬成熟，抗病性强，高抗黑星病。

树冠半圆形，树姿较开张，主干暗褐色，呈不规则纵裂。1 年生枝黄褐色,皮孔大,多为圆形,芽小,斜生。叶片椭圆形,大而肥厚,反卷,叶尖渐尖,叶基心脏形,叶缘具毛齿,嫩叶浅红色,成熟叶暗褐色。花冠白色,花药浅紫色,每花序平均 7 朵花。冀蜜梨树势健壮,枝条粗壮,生长旺盛;萌芽率高(尤其是幼龄树可达 90%),成枝力中等(2.6 个)。始果年龄早,一般栽培管理条件下,定植第二年即可有少部分植株结果,具早果特性。以短果枝结果为主,果台副梢连续结果能力强,并有腋花芽结果现象。自然授粉条件下,每花序平均坐果 2.8 个,无采前落果现象。

2. 早魁 由河北省农林科学院石家庄果树研究所以雪花梨为母本、黄花梨为父本杂交选育出。果实椭圆形(萼端较细),个大,平均单果重 258 克。果面绿黄色,充分成熟后呈金黄色,果皮较薄。果肉白,肉质较细,松脆适口,汁液丰富,风味甜,具香气,果心小,石细胞、残渣少,含可溶性固形物 12.6%左右。总糖、总酸、可溶性糖、维生素 C 含量分别为 9.91%、0.15%、8.38%、1.2毫克/100 克,综合品质上等。8 月初成熟,在果形、风味等方面优于同期成熟的早酥、金水二号等品种。

树冠圆锥形,树势健壮,生长旺盛。主干黑褐色,1 年生枝灰褐色,皮孔长圆形,中等密度,嫩梢红褐色。幼叶深红色,成熟叶片深绿色、长椭圆形,叶基圆形,叶缘具刺毛齿。芽体细尖、斜生。花冠白色,花药紫色,一般每花序 8 朵花。新梢中下部芽体当年可萌发形成二次枝,萌芽率高(50.73%),成枝力较强,剪口下可平均抽生 15 厘米以上枝条 3.93 个。始果年龄早,以短果枝结果为产,幼旺树也有中、长果枝结果,并有腋花芽结果,果台副梢连续结果能力中等(连续 2 年以上结果果台占总果台数的11.78%);自然授粉条件下平均每花序坐果 2.43 个,具良好丰产性能。

栽植不宜过密,一般以 3 米×5 米为宜;可与黄冠、冀蜜、早酥、雪花梨等品种互为授粉树。长放是促花的良好措施,尤其在幼龄树期,除对骨干枝打头短截外,也宜多留长放,以增加早期产果量。进入盛果期后需进行适当的回缩复壮,以保持树势强健。疏花疏果、合理负载是连年丰产稳产的必要条件,疏花以疏蕾为主,疏果宜在5月底前完成,即留单果且幼果间的空间距离以25厘米为宜。

3. 黄冠　由河北省农林科学院石家庄果树研究所以雪花梨为母本、新世纪为父本杂交选育而成。果实椭圆形、端庄,个大、整齐,平均单果重278.5克。果面黄色,果皮薄,果点小,光洁无锈,果柄细长,酷似金冠苹果,外观品质明显优于早酥、雪花梨、二十世纪(水晶梨)等品种。果肉洁白、细腻,松脆多汁,果心小,石细胞及残渣少,风味酸甜适口且带蜜香,口感极好,品质上等,含可溶性固形物11.6%,总糖、总酸、可溶性糖、维生素C含量分别为9.38%、0.20%、8.07%、2.8毫克/100克,品质上等。8月中旬成熟,室温下可贮藏20天,冷藏条件下可贮藏至翌年3~4月份。

树冠圆锥形,主干黑褐色,1年生枝暗褐色,皮孔圆形,密度中等。芽体较尖,斜生。叶片渐尖,具刺毛齿,成熟叶片呈暗绿色,嫩叶绛红色。花冠白色,花药浅紫色,一般每花序平均8朵花。幼龄树健壮,枝条直立,多呈抱头生长。萌芽率高,成枝力中等,剪口下一般可抽生3个15厘米以上的枝条。始果树龄早,以短果枝结果为主,果台副梢连续结果能力较强,幼旺树腋花芽结果明显,自然授粉条件下每花序平均坐果3.5个,具有良好的丰产性能。

4. 雪青　由浙江农业大学以雪花梨为母本,新世纪为父本育成。该系列中包括雪青、雪峰、雪英和雪芳4个品种,以雪青为代表。雪青果实为圆球形,果形圆整。疏果后单果重400~450克,最大单果重850克。萼片脱落,萼洼深广,梗洼中深。果皮绿色,成熟后金黄色;果面光洁,皮较薄,果点较大,中等多,分布均匀。果肉白色,肉质细脆,果心小,汁多,味特甜,香气浓,含可溶性固形物 13％左右,品质上等,可食率高。

雪青梨植株生长健壮,树形较开张,生长势较强。萌芽率和成枝率高,花芽易形成,腋花芽多,花芽圆锥形。以中果枝和短果枝结果为主,果台枝连续结果性好,果实发育期 120～125 天。1 年生枝绿色,有茸毛,皮孔椭圆形、较稀。多年生枝褐绿色,皮孔条形,稀少。幼叶绿色,平展内卷,有白色茸毛,叶缘锯齿细、锐尖,叶端渐尖,叶基圆形,叶色深而厚。花白色,花冠中大,雄蕊为 23～27 枚,雌蕊淡黄色,有 5～6 枚。

雪青梨主要适合在我国长江流域和黄河流域栽培,需肥要求高,宜择立地条件好的地块栽培。该品种在丘陵红黄壤山地上生长强健。雪青梨不裂果,受早春霜冻危害小,花期受低温影响小。雪青叶大而厚,对黑星病和轮纹病抗性强。雪青树适应各种树形栽培,根据自然立地条件和栽培要求,一般以单层开心形和疏散开心形为好。雪青梨的树势强健,枝梢较硬,自然生长树的枝梢较直立,幼龄树以拉枝定型为主(雪青树枝硬,宜在夏季进行拉枝)、冬剪为辅。结果树以冬剪为主,夏剪为辅。果树定型后宜采用棚架栽培模式,即通过搭建平顶棚架,把雪青树枝条固定在棚架平面上。棚架模式:一是可以控制直立枝条,促进花芽形成;二是可以减少当地台风对雪青影响的损失;三是使生产管理更加方便。

5. 冀玉 由河北省农林科学院石家庄果树研究所以雪花梨为母本、翠云梨为父本杂交选育而成。果实椭圆形,平均单果重 260 克。果面绿黄色,蜡质较厚,果皮较薄,光洁无锈,果点小。果肉白色,果心小,肉质细腻酥脆,汁液丰富,风味酸甜适口,并具芳香,石细胞少,含可溶性固形物 12.3％左右,总糖、总酸、可溶性糖、维生素 C 含量分别为 9.28％、0.16％、6.06％、25.6 毫克/千克,综合品质上等。室温下可贮藏 20 天以上。

树冠半圆形,树姿半开张。主干褐色,1 年生枝灰褐色,多呈弯曲生长状,枝条密度大;皮孔小、密集,叶芽较小、离生。叶片椭圆形,幼叶红色,成熟叶片深绿色,叶尖长尾尖,叶基圆形,叶姿波浪形,叶缘细锯齿状、有刺芒。花芽圆锥形,红褐色,每花序 6～8 朵花,花冠白色,花药浅红色。栽植密度 3 米×4～5 米为宜,可与鸭梨、早冠等互为授粉品种。

树形采用单层一心形或疏散分层形。幼龄树需拉枝造型,主枝开张角度不宜过大,以 60°～70° 为宜,并对结果枝组进行必要的回缩更新。幼果空间距离 20～25 厘米,尽量选留低序位果(2～3 序位)。果实套袋宜选用单层白蜡袋或外黄内白双层袋。以秋施基肥为主,施优质有机肥 60 000 千克/公顷,萌芽期和果实速长期追施适量速效氮肥,果实发育后期以磷、钾肥为主。可选用甲基硫菌灵、代森锰锌、吡虫啉、阿维菌素等高效低毒药剂防治轮纹病、梨木虱、黄粉蚜、康氏粉蚧等病虫害。

五、二十世纪梨品种

(一)起 源

日本千叶县松户市大桥发现的自然实生种,20 世纪 30 年代从日本引入我国,在辽宁、河北、浙江、江苏和湖北等省有少量栽植。

树势中庸,枝条稀疏,半直立,成枝力弱。果实近圆形,整齐,平均单果重 136 克。果皮绿色,经贮藏变绿黄色。果肉白色,果心中大,肉质细,疏松,汁液多,味甜,含可溶性固形物 11.1%～14.6%,品质上等,果实不耐贮藏。辽宁兴城地区 9 月上旬果实成熟。抗寒、抗风能力弱,易感染黑斑病、轮纹病。

(二)品种介绍

二十世纪梨果形端正,果实近圆形,肉质细,汁液多,风味好。

其早熟、早果的遗传能力强等优良性状十分符合日韩梨育种学者新品种选育的目标,因此在随后的1个世纪里二十世纪梨成为梨育种的一个重要的杂交亲本,并选育出了众多的优良品种。

1. 新兴 由日本从二十世纪梨实生种选育而成。果特大,平均单果重400克。果实圆形,果皮褐色,套袋后呈黄褐色,果面不光滑。果肉淡黄色,肉质细、脆,味甜,含可溶性固形物12%~13%,品质中上等。山东胶东地区9月下旬成熟。耐贮藏,可贮藏至翌年2月份,贮藏后品质更佳。

树势中庸,树姿半开张,萌芽率中等,成枝力低。早结果,成苗定植第三年开始结果。以短果枝结果为主,中、短枝衰弱快,丰产稳产。对病虫害抗性较强。

栽植密度以2.5米×4米为宜,可选择黄花、西子绿等品种为授粉树,配置比例为3:1或4:1。幼龄树适度轻剪长放,拉枝,可促进花芽形成。成年树要重短截,防早期衰老,应注意中、短果枝更新。加强肥水管理,防早期落叶及二次开花。

2. 新世纪 由日本冈山县农业试验场以二十世纪为母本、长十郎为父本杂交选育而成。果实圆形,中等大,平均单果重200克,最大单果重350克以上。果皮黄绿色,果面光滑。萼片易脱落。果肉黄白色,肉质松脆,石细胞少,果心小,汁液中多,味甜,含可溶性固形物12.5%~13.5%,品质上等。在河南郑州地区果实8月上旬成熟。

树势中等,树姿半开张。以短果枝结果为主,果台副梢抽生枝条能力强,定植2~3年结果。坐果率高,丰产稳产,无大小年结果现象,连续结果能力强。雨水多的地区易裂果,有落果现象。对多种病害有较强抗性。

3. 绿宝石 又名中梨1号,由中国农业科学院郑州果树研究所以新世纪为母本,早酥为父本杂交选育的早熟品种。果实近圆形或扁圆形,平均单果重250克。果面较光滑,果点中大,果皮绿色。果心中大,果肉乳白色,肉质细,疏脆,石细胞少,汁液多,味甜,含可溶性固形物 12%～13.5%,可溶性糖 9.67%,可滴定酸 0.085%,品质上等。山东泰安地区 7 月下旬成熟,冷藏条件下可贮藏 2～3 个月。

树姿较开张,冠形圆头形,主干灰褐色,表面光滑,1 年生枝黄褐色。叶片长卵圆形,叶缘锐锯齿状。新梢及幼叶黄色。花冠白色,每花序花朵数 6～8 个。

树势较强,萌芽率 68%,成枝力中等。定植 3 年结果,以短果枝结果为主,腋花芽也可结果。抗旱、耐涝、耐贫瘠。在前期干旱少雨、果实膨大期多雨的条件下,有裂果现象,套袋可减轻裂果。授粉品种可采用早美酥、新世纪等。

4. 早美酥 由中国农业科学院郑州果树研究所以新世纪为母本,早酥为父本杂交选育的早熟品种。果实卵圆形,平均单果重 250 克。果面洁净、光滑,果点小而密,果皮黄绿色。果肉白色,石细胞少,汁液多,味酸甜,果心小,含可溶性固形物 11%～12.5%,总糖 9.77%,总酸 0.22%,维生素 C 含量为 5.63 毫克/100 克,风味酸甜适度,品质上等。山东泰安地区 7 月下旬成熟,货架期 20 天左右,冷藏条件下可贮藏 2～3 个月。树冠大,主干灰褐色,表面光滑,1 年生枝黄褐色,新梢及幼叶披黄色茸毛,萌芽率高,成枝力较低,以短果枝结果为主,叶片长卵圆形,叶缘中锯齿状,花冠白色。

沙荒薄地及丘陵岗地,株行距 1.5 米×4 米或 2 米×4 米;土壤肥沃、灌溉条件好的地方,株行距 2 米×5 米或 3 米×4 米。按 6∶1 配置授粉树,早酥、七月酥、金水 2 号、新世纪等可作为授粉树。进入盛果期后要合理疏花疏果,每隔 20 厘米留 1 个果,每 667 米² 留果约 15 000 个,使产量控制在 2 500 千克以内。整形修剪以轻剪为主,结果后培养树形,以纺锤形为主。

5. 爱甘水 由日本以长寿为母本,多摩为父本杂交选育的早熟品种。果实扁圆形,中等大,整齐,平均单果重 190 克。果皮褐色,具光泽,果点小、中密、圆形、淡褐色。果梗中长至较长,梗洼浅,圆形,萼洼圆正,中深较浅,脱萼。果肉乳黄色,质地细脆、化渣,味浓甜,具微香,汁多,含可溶性固形物 12% 以上,可溶性糖 9.12%,可滴定酸 0.92%,维生素 C 含量 3.21 毫克/100 克,品质优。山东泰安地区 8 月上旬成熟。

该品种树冠圆头形或半圆形,树姿较开张,生长势中庸,主干明显。萌芽力较强,成枝力中等。叶片椭圆形,叶缘锯齿中粗,先端较尖。花蕾紫红色,花瓣白色,椭圆形。幼龄树以长、中果枝结果为主,成年树以短果枝结果为主。

六、丰水梨品种

(一)起　源

由日本农林省园艺试验场 1972 年命名的优质大果褐皮砂梨品种。母本为幸水,父本为石井早生×二十世纪的后代。果实圆形或近圆形,平均单果重 253 克,最大单果重 530 克。果皮黄褐色,果点大而多;果肉白色,肉质细,酥脆,汁液多,味甜,含可溶性固形物 13.6% 左右,品质上等。泰安地区 8 月下旬成熟。

树势中庸,树姿半开张。萌芽力强,成枝力较弱。定植 3 年结果,以短果枝结果为主,连续结果能力强。盛果期应加强肥水管理,预防树势早衰。

(二)品种介绍

1. 若光　由日本千叶县农业试验场以新水为母本,丰水梨为父本杂交选育而成。果实近圆形,平均单果重 320 克。果皮黄褐色,果面光洁,果点小而稀、无果锈。果心小,石细胞少,汁液多,味甜,含可溶性固形物 11.6%~13%,品质上等。在江苏南京地区 7 月中旬成熟,采前落果不明显。

　　树势较强,树姿开张。成枝力较弱,幼龄树生长势强,萌芽率高,易成花。短果枝及腋花芽结果,连续结果能力强,结果枝易衰弱,需及时更新。抗性较强,抗寒性好,抗旱、抗涝,对黑星病、黑斑病有较强的抗性。

　　2. 华山　由韩国农村振兴厅园艺研究所以丰水梨为母本,晚三吉梨为父本杂交选育而成。果实圆形,平均单果重 543 克。果皮黄褐色。果肉白色,肉质细,松脆,汁液多,味甜,含可溶性固形物 12.9% 左右,品质上等。果实 9 月下旬至 10 月上旬成熟。室温下可贮 20 天左右,冷藏可贮 6 个月。

　　树势强,树姿开张。萌芽率高,成枝力中等,腋花芽结果能力强。高抗黑斑病、黑星病。该品种花粉量大,可作为授粉树。

　　3. 满丰　由韩国园艺演技所以丰水梨为母本,晚三吉为父本杂交育成。果实扁圆形,单果重 550~770 克。果皮浅黄褐色,果面光滑,有光泽。果肉细嫩多汁,酸味少,酸甜可口,含可溶性固形物约 14%,口感好,风味佳。采收时,个别果实呈黄绿色,贮藏 30 天后全部变黄。在辽宁绥中地区 9 月下旬至 10 月上旬果实成熟。果实耐贮藏,室温下可贮藏 3 个月,在恒温库中可贮藏至翌年 5 月上旬。

　　生长势强健,树体高大,树姿开张。萌芽率高,成枝力弱,以中、短果枝结果为主,适宜授粉品种为爱甘水。苗木定植后第二年开始结果,耐瘠薄,较耐寒,较抗梨黑斑病和梨黑星病。

　　4. 喜水　日本静冈县烧津市的松永喜代治于 1978 年以明月为母本,丰水为父本杂交实生选育的早熟梨品种,最初名为清露。果实扁圆形或圆形,平均单果重 300 克,最大单果重 514 克。果皮橙黄色,果点多且大,呈锈色,果面有不明显棱沟。果梗较短,梗洼浅狭,萼片脱落,萼洼广、大,呈漏斗形。果肉黄白色,石细胞极少,肉质细嫩,汁液多,味甜,香气浓郁,果心较大,短纺锤形,含可溶性固形物 12.8%～13.5%。山东泰安地区 7 月中旬成熟,室温条件下可贮藏 7～10 天。

喜水梨树体中大,树姿直立,树势强,主干灰褐色。1 年生枝暗红褐色,前端易弯曲。皮孔稀、大,长椭圆形。新梢绿色,披有茸毛。叶片平展、卵圆形、厚,有光泽,叶基截形,叶柄长,叶缘锯齿粗、锐。花冠中大,白色,花粉多。幼龄树生长势强旺,萌芽率高,成枝力强,易成花。苗木定植后第二年开始结果,以腋花芽结果为主。成龄树以长果枝和短果枝结果为主,每花序坐果 1～3 个。

5. 秋月 由日本农林水产省果树实验场用 16-29(新高×丰水)×幸水杂交育成命名,并于 2001 年进行品种登记的晚熟褐色砂梨新品种,2002 年引入我国。果形端正,果实整齐度极高。果实为扁圆形,果个大,平均单果重 450 克,最大单果重 1 000 克左右。果皮黄红褐色,果色纯正。果肉白色,肉质酥脆,石细胞极少,口感清香,含可溶性固形物 14.5%～17%,果核小,可食率可达 95%以上,品质上等。耐贮藏,长期贮藏后无异味。山东胶东地区 9 月中下旬成熟,比丰水晚 10 天左右。无采前落果现象,采收期长。

生长势强,树姿较开张。1 年生枝灰褐色,枝条粗壮,叶片卵圆形或长圆形,大而厚,叶缘有钝锯齿。萌芽率低,成枝力较强。易形成短果枝,1 年生枝条可形成腋花芽,结果早,丰产性好。幼龄树定植后,一般第二年开始结果。适应性较强,抗寒力强,耐干旱。

6. 华丰 以新高梨为母本,丰水梨为父本杂交选育而成。果实大,近圆形,平均单果重 331.8 克,纵径 7.75 厘米,横径 8.52 厘米,最大果重 1501.4 克。果皮黄褐色,果面较平滑,果点中大。果梗长 3.16 厘米,梗洼中深,有 4 条较明显的腹缝沟。果心较小,可食率 89.9%,果肉乳白色,石细胞少,风味较甜,含可溶性固形物 11.9%～12.2%,可滴定酸含量 0.08%～0.19%,维生素 C 含量 5.28 毫克/100 克。9 月上旬果实成熟,果实耐贮运性好。

树势中庸,树姿较直立,树冠圆锥形,树干青褐色,1 年生枝黄褐色,皮孔较密。叶形有两种:一种是小叶阔卵形,先端渐尖,叶基截形;另一种是大叶卵形,先端渐尖,叶基歪斜,叶缘都具向内稍弯曲的芒状锯齿,叶肉质较厚,叶色浓绿有光泽。花蕾略带粉红色,盛开时为白色,每序 3～8 朵花。

萌芽率高,成枝力中等。幼龄树结果早,栽后第二年开始结果。幼龄树长枝花芽分化好,结果性能好,花芽率 63.2%,结实率 65.4%。4 年生树以中、短果枝结果为主,果台抽生 2～3 个果枝,果台连续结果能力强。花序着果率 95.5%,花朵着果率 70%～80%,每花序可着果 1～4 个。抗黑心病、轮纹病。栽培适应性强。

七、新高梨品种

(一)起　源

日本神奈川农业试验场菊池秋雄以天之川为母本,今秋村为父本育成,1927 年命名。果实近圆形,果实大,平均单果重 410 克。果皮黄褐色,果面光滑,果点中密。果肉细,松脆,石细胞中等,汁液多,味甜,含可溶性固形物 13%～14.5%,品质上等。山东地区 9 月中上旬成熟。

树势较强,树姿半开张,萌芽率高,成枝力稍弱。以短果枝结果为主,坐果率高,易丰产。适应性强,抗黑斑病和轮纹病,较抗黑星病。山东泰安地区花期较早,部分地区需注意预防晚霜危害。

(二)品种介绍

1. 大果水晶　由韩国 1991 年从新高梨的枝条芽变中选育出

的黄色新品种。果实圆形或扁圆形（酷似苹果），单果重 500 克左右。果前期绿色，近成熟时果皮逐渐变为乳黄色；套袋果表面黄白色，晶莹光亮，有透明感，果点稀小，外观十分诱人。果肉白色，肉质细嫩多汁，无石细胞，果心小，含可溶性固形物 14% 左右，味蜜甜浓香，口感极佳。在山东泰安地区 10 月上中旬成熟，果实生育期 170 天左右。耐贮藏性突出，在室温下可贮至春节。

该品种树势强，叶片阔卵圆形、极大且厚，抗黑星病、黑斑病能力强。结果早，高接后翌年结果。丰产性好，花序坐果率高达 90% 以上。

2. 早生黄金　韩国以新高梨为母本，新兴梨为父本杂交选育的早熟品种。果实圆形，平均单果重 258 克。果皮黄绿色。果肉白色，肉质细，酥脆，石细胞少，汁液多，味甜，含可溶性固形物 11.3% 左右，品质中上等。湖北武汉地区 7 月下旬成熟。

树势较强，树姿半开张。萌芽率中等，成枝力中等。早结果，成苗定植第三年开始结果。适应性强，抗逆性较强，我国南北方梨产区均可种植。

3. 黄金　由韩国农村振兴厅园艺研究所选育，母本为新高，父本为二十世纪，1984 年育成。果实圆形，平均单果重 430 克。果皮黄绿色。果肉白色，肉质细，汁液多，味甜，含可溶性固形物 14.9% 左右，品质上等。山东泰安地区果实 8 月下旬成熟。

树势强，树姿半开张。成枝力较弱，易形成短果枝和腋花芽，果台较大，不易抽生果台副梢，连续结果能力差。进入结果期后，需保证肥水供应。花粉败育，需配置授粉树。坐果率高，要注意果树的更新修剪。抗黑斑病。

4. 鲜黄梨　由韩国园艺研究所以新高梨为母本，晚三吉为父本杂交育成。果实圆形或扁圆形，平均单果重 400 克。果皮鲜黄色。果肉细，石细胞少，果心小，汁液多，品质上等。河南郑州地区 8 月上旬成熟，常温下可贮藏 1 个月，冷藏可贮存 5 个月以上。

5. 山农脆 由山东农业大学以黄金梨为母本、圆黄梨为父本于 2002 年杂交选育,2012 年通过山东省农作物品种审定委员会审定。果实圆形或扁圆形,平均单果重 445.6 克,最大单果重 800 克。果皮淡黄褐色。果肉细、脆、白色,味甜,有香味,含可溶性固形物 15% 左右,品质上等。在山东冠县地区 8 月底至 9 月初果实成熟。

幼龄树生长势强,树姿较开张,有腋花芽结果特性。2～3 年生以上树以短果枝结果为主,早果性及丰产性强。1 年生枝黄褐色,皮孔大而密,浅褐色。叶片大而厚,卵圆形或长卵圆形,叶缘锯齿特大。

适应性强,对肥水条件要求较高,喜沙壤土,黏壤土、瘠薄地不宜种植。建园时需配置白梨或砂梨系 2 个品种以上作为授粉树。

八、西洋梨品种

(一)起 源

西洋梨原产于地中海沿岸、高加索和中亚西亚等地区,是世界两大栽培品种之一,年产量占世界梨总产量的 33% 左右,分布极为广泛,全世界有将近 80 个国家生产,主要分布在欧洲、北美洲、南美洲、南非和大洋洲 5 个产区,主产国有意大利、美国、阿根廷、西班牙和澳大利亚等 10 余个国家。亚洲仅有印度、中国和伊朗等有少量栽培。19 世纪 70 年代,西洋梨引入我国,开始在山东烟台地区栽培。目前仅在山东胶东、辽南、华北、西北的部分地区得到发展,全国栽培面积约 3 千万公顷,产量约 1.5 万吨。

(二)品种介绍

1. 巴梨 系 1770 年英国的 Stair 先生发现的自然实生种,是目前世界上栽培最广泛的西洋梨品种。1871年自美国引入山东烟台。果实大,粗颈葫芦形,平均单果重217克。果皮黄绿色,阳面有红晕。果心较小,果肉乳白色,肉质细,易溶于口,石细胞极少,汁液多,味甜,有香气,含可溶性固形物12.5%～13.5%,可溶性糖9.87%,可滴定酸0.28%,品质极上等。采后1周左右后熟,果实不耐贮藏。山东地区8月中下旬果实成熟。

叶片卵圆形或椭圆形,叶基圆形,叶缘锯齿钝,无刺芒。枝干较软,结果负载重可使主枝开张下垂。主干及多年生枝灰褐色,1年生枝淡黄色,阳面红褐色。

树势强,树姿直立,呈扫帚状或圆锥状,盛果期后树势易衰弱。萌芽率79%,成枝力强。定植3～4年开始结果,以短果枝结果为主,腋花芽可结果,丰产稳产。易受冻害并易感染腐烂病,抗黑星病和锈病。可选择红考密斯梨、三季梨、长把梨等品种授粉。

2. 三季梨　1870年在法国发现的实生种。我国辽宁大连和山东烟台地区有栽培。果实大,粗颈葫芦形,平均单果重244克。果皮绿黄色,后熟淡黄色,部分果实阳面有暗红晕。果心较小,果肉白色,肉质细,经后熟变软,汁液多,有香气,味酸甜,含可溶性固形物14.5%左右,可溶性糖7.21%,可滴定酸0.38%,品质上等。果实不耐贮藏。山东胶东地区8月中下旬成熟。

叶片卵圆形或椭圆形,叶缘锯齿钝,无刺芒。多年生枝灰褐色,1年生枝黄褐色。花白色,花粉多。树势中庸,树姿半开张,萌芽率71%,成枝力中等,定植3～4年开始结果,幼龄树以腋花芽结果为主,成年树以短果枝结果为主,丰产稳产。抗旱,有一定抗寒性,易感染腐烂病。采前易落果。

3. 伏茄　又名伏洋梨,法国品种,为极早熟优良品种。我国山东半岛、辽宁、山西等地有栽培。果实葫芦形,平均单果重147克。果皮黄绿色,阳面有红晕。果肉白色,肉质细,后熟变软,汁液多,风味酸甜,有微香,含可溶性固形物14.6%左右。

树势中庸,树姿半开张,以短果枝结果为主。抗虫、抗病。北京地区 7 月中旬成熟,采前落果轻,产量中等。

4. 考西亚 中国农科院郑州果树研究所自美国国家农业资源保存圃引入。果实葫芦形,平均单果重 210 克,最大单果重 450 克。果皮淡黄白色,阳面具有鲜红色晕。果心小,果肉淡黄色,肉质柔软细嫩,汁液多,味甜,有香气,含可溶性固形物 11.5%～12.5%。适合河南、河北等地栽培,7 月下旬成熟。树势强,树姿直立,以中、短果枝结果为主。幼龄树宜轻剪缓放,开张枝条角度,促进早果丰产。

5. 锦香 由中国农业科学院果树研究所于 1956 年用巴梨×南果梨种间远缘杂交育成。果实纺锤形,中等大小,外观漂亮美观,平均单果重 130 克。果皮黄绿色,经后熟为全面绿黄色或橙黄色,有光泽,向阳面有红晕,果面光洁,有蜡质,无果锈,果点小而中多。果心大或中大,果肉白色或淡黄白色,柔软易溶于口,肉质韧,近果心处有少许石细胞,汁液多,酸甜适口,风味浓厚,并具浓香,品质上等,含可溶性固形物 13.73% 左右,可溶性糖 11.1%,可滴定酸 0.38%,维生素 C 含量为 6.3 毫克/100 克。辽宁兴城地区 9 月上旬成熟。

树冠阔圆锥形,树姿半开张。主干灰褐色,多年生枝黄褐色,光滑,1 年生枝红褐色。叶片卵圆形,浓绿色,嫩叶淡绿色。叶缘细锐锯齿状,具刺芒,叶尖渐尖,叶基圆形。花白色,花瓣圆形,平均每花序 5.9 朵花。树势中庸,3 年生树开始结果,以短果枝结果为主,连续结果能力强。采前落果轻,丰产性一般,稳产性好。具有较强的抗风性和抗寒性。抗黑星病和腐烂病,抗轮纹病性一般,对食心虫类抗性中等。

6. 阿巴特 1866 年法国发现的实生种,为目前欧洲主栽品种之一,20 世纪末期引入我国。果实长颈葫芦形,平均单果重 257 克。果皮绿色,经后熟变为黄色。果面光滑,果肉乳白色,果心小，肉质细，石细胞少，采后即可食用，经 10～20 天后熟，芳香味更浓，含可溶性固形物 12.9%～14.1%，品质上等。在山东烟台地区 9 月上旬成熟。

叶片长圆形，叶尖急尖，幼叶黄绿色。树冠圆锥形，枝条直立生长，多年生枝黄褐色，角度较为开张，1 年生枝黄绿色。花瓣白色，花粉多。

幼龄树生长旺盛，干性强，进入结果期后，骨干自然开张，树势中庸。以叶丛枝、短果枝结果为主。萌芽率 82.9%，成枝力中等偏弱。连续结果能力强。抗旱、抗寒性强，抗黑星病、黑斑病性强，抗梨锈病，不抗枝干粗皮病。梨木虱危害较轻。

7. 派克汉姆斯 1897 年澳大利亚 SamPackham 以 *Uvedale-St.Germain* 为母本，*Bartlett* 为父本杂交育成。1977 年从南斯拉夫引入我国。果实中大，平均单果重 184 克，粗颈葫芦形。果皮绿黄色，阳面有红晕，果面凹凸不平，有棱突和小锈片，果点小而多，蜡质中多。果心中小，果肉白色，肉质细密、韧，石细胞少，经后熟变软，汁液多，味酸甜，香气浓郁，含可溶性固形物 12%～13.7%，可溶性糖 9.6%，可滴定酸 0.29%，品质上等。果实不耐贮藏，室温下可贮藏 1 个月左右。

树势中庸，树姿开张，萌芽率和成枝力中等。以短果枝结果为主，腋花芽连续结果能力强，丰产稳产。易感染黑星病和火疫病。

8. 李克特 1882 年由法国园艺学家以 *Bartlett* 为母本，*Bergamotte Fortune* 为父本杂交选育而成。1992 年大连市农科院从日本引入。果实呈粗颈葫芦形，果个大，平均单果重 225 克，最大单果重 400 克。果皮黄绿色，果面蜡质少，果点小而疏。果肉白色，石细胞极少，果心小。经后熟果皮变为黄色，果肉变软，易溶于口，肉质细，汁液多，含可溶性固形物 17% 左右，总酸 0.13%，品质上等。在辽宁大连地区 10 月中下旬成熟。

幼龄树长势旺，树姿直立，以短果枝结果为主，萌芽率、成枝力中等。该品种有明显的花粉直感现象,配置的授粉树以果形为葫芦形的西洋梨系统品种为主,可选择三季梨、巴梨为授粉树。

9. 康佛伦斯　1894 年英国人自 *LeonLeclercde Laval* 实生种中选育。英国主栽品种,德国、法国和保加利亚等国的主栽品种之一。20 世纪 70 年代引入我国。果实大,平均单果重 255 克,呈细颈葫芦形,肩部常向一方歪斜。果皮黄绿色,阳面有部分淡红晕,果面平滑,有光泽,外形美观。果心小,果肉白色,肉质细、紧密,经后熟变软,汁液多,味甜,有香气,含可溶性固形物 13.5％左右,可溶性糖 9.90％,可滴定酸 0.13％,品质极上等。果实不耐贮藏。辽宁兴城地区 9 月中旬成熟。

叶片椭圆形,叶尖渐尖,叶基圆形。1 年生枝浅紫色,新梢紫红色。花白色,每花序 5~6 朵花,花粉量多。树势中庸,幼龄树生长健壮,树姿半开张,枝条直立。萌芽率 78％,成枝力中等。定植 3 年结果,以短果枝结果为主,果台连续结果能力强,丰产。抗寒力中等,抗病性强。

10. 龙园洋梨　由黑龙江省农业科学院园艺分院以龙香梨为母本杂交选育。果实葫芦形,平均单果重 120 克,最大单果重 350克。果皮浅黄色,阳面有红晕,果皮中厚,果点小而少。果心圆形、中大,石细胞小、少,果肉乳白色、细软,汁液中多、甜酸、有香气,品质中上等,含可溶性固形物 13.43％左右,可溶性糖 10.55％,维生素 C 18.5 微克/克,可滴定酸 0.536％。果实 9 月中旬成熟,耐运输,可贮藏 35 天。

树冠圆锥形,主干深褐色,表皮光滑,长势中庸。1 年生枝条浅棕黄色,皮孔长圆形,茸毛较轻,枝条直立。叶片绿色,长椭圆形,叶尖钝尖,锯齿单、浅、中密,叶基圆形,叶缘微卷。花蕾浅粉红色,花瓣白色,花药粉红色,花粉量少。

树势中庸,树姿半开张,萌芽力强,成枝力中等。骨干枝分枝角度约 70°。幼龄树结果早,低接树第三年可见果。以短果枝结果为主,个别枝条有腋花芽。然而花粉量较少,自花不结实,需配置授粉树,晚香梨、脆香梨、冬蜜梨均可作其授粉树。采前有轻微落果现象。寒冷地区栽植,必须用山梨作为砧木。

11. 拉达那　由北京市农林科学院果树研究所于 2001 年从捷克引进的早熟红色西洋梨品种。果实倒卵形,平均单果重233.9 克,最大单果重 270.2 克。果皮紫红色,熟后橘红色,果点小,果皮嫩,厚度中等,果面较光滑。果梗上常有瘤状突起。梗洼、萼洼浅阔,萼片宿存。果肉淡黄色,肉质细软,汁多,味甜,粉香,果心中等大,含可溶性固形物 11% 左右,品质上等。采后果实在室温下经 3~5 天后熟,表现出最佳食用品质。

树势强健,树姿直立,枝条粗壮。1 年生枝红褐色,萌芽率高,成枝力低。叶片窄椭圆形、小、浓绿。大树芽接后第四年开始结果。以短果枝结果,不易形成腋花芽。花量大,花粉多,坐果率高。丰产,5 年生树株产 20 千克左右。抗性较强,适应性广,对黑斑病、黑星病、轮纹病、梨木虱抵抗力强,抗寒性中等。对土壤条件要求较高,适于土层肥沃深厚、透气性良好的壤土。

12. 超红　又名早红考密斯,是原产于英国的早熟、优质西洋梨品种,1979 年引入山东。果实粗颈葫芦形,果个中大,平均单果重 190 克,最大单果重可达 280 克。幼果期果实即呈紫红色,果皮薄,成熟期果面紫红色,较光滑。阳面果点细小,中密,不明显,蜡质厚;阴面果点大而密,明显,蜡质薄。果肉白色,半透明,稍绿,质地较细,硬脆,石细胞少,果心中大,可食率高,果心线明显;经后熟肉质细嫩,易溶,汁液多,具芳香,风味酸甜,品质上等。8月上旬采收,采收时含可溶性固形物 12% 左右,后熟 1 周后达 14%。果实在常温下可贮存 15 天,在 5℃条件下可贮存 3 个月。

树冠中大,幼龄树期树姿直立,盛果期半开张。主干灰褐色,1 年生枝(阳面)紫红色,2 年生枝浅灰色。叶片深绿色,长椭圆形,叶面平整,质厚,具光泽,先端渐尖,基部楔形,叶缘锯齿浅钝。

树体健壮,改接树前期长势旺盛,当年枝条生长量可达 116 厘米。萌芽率高达 77.8%～82.8%,成枝力强,1 年生枝短截后,平均抽生 4.3 个长枝。花芽易形成,早实性强,高接树 2 年见果。进入结果期后以短果枝结果为主,部分中、长果枝及腋花芽也易结果。该品种连续结果能力强,大小年结果现象不明显,丰产稳产。该品种适应性较广、抗旱、抗寒、耐盐碱力与普通巴梨相近。较抗轮纹病、炭疽病,抗干枯病。

13. 凯斯凯德 美国用大红巴梨和考密斯杂交育成。果实短葫芦形,果个大,平均单果重 410 克,最大单果重 500 克。幼果紫红色,成熟果实深红色,果点小且明显,无果锈,果柄粗、短。果肉白色,肉质细软,汁液多,香气浓,风味甜,品质极上等,可食率高,含可溶性固形物 15% 左右,总糖含量 10.86%,总酸含量 0.18%,糖酸比为 60.33,维生素 C 含量 0.865 毫克/100 克。采后常温下 10 天左右完成后熟,后熟果实食用品质最佳。较耐贮藏,0℃～5℃条件下贮藏 2 个月仍可保持原有风味,可供应秋冬梨果市场。在山东泰安地区 9 月上旬成熟。

幼龄树树姿直立,盛果期树树姿半开张。主干灰褐色,多年生枝灰褐色,2 年生枝赤灰色,1 年生枝红褐色。叶片浓绿色,叶片平展,先端渐尖,基部楔形,叶缘锯齿渐钝。顶芽大,圆锥形,腋芽小而尖,与枝条夹角大。花序为伞房花序,每个花序有 5～8 朵花,边花先开。花瓣白色,花药粉红色。

树势强,树冠中大。萌芽率高,可达 80%,成枝力强,改接树前期长势旺盛。以短果枝结果为主,短果枝占 75%,中果枝占 20%,长果枝占 5%,自然授粉坐果率 65% 左右。易成花,早实性强,丰产稳产,苗木定植后第三年开始结果,每 667 米^2 产量可达 600 千克。具有较好的适应性,耐旱、耐盐碱。对黑星病、梨褐斑病免疫,对梨锈病和梨炭疽病抗性强。

14. 红考密斯 由美国华盛顿州从考密斯梨中选出的浓红型

芽变新品种。果实短葫芦形,平均单果重 324 克,最大单果重 610 克。果面光滑,果点极小。果皮厚,完熟时果面呈鲜红色。果肉淡黄色,极细腻,柔滑适口,香气浓郁,品质佳,含可溶性固形物 16.8% 左右。6 天完成后熟过程,变现处最佳食用品质。山东地区 9 月上旬果实成熟。

树性强健,树姿直立,枝条稍软,分枝角度大。萌芽率 51.5%,成枝力 3.6。以中、短果枝结果为主,中果枝上腋花芽多。着生单果极多,几乎无双果。红考密斯属洋梨中早实性强的品种,定植株第三年开始见果。高抗梨木虱、黑星病、梨黄粉虫等。

15. 红茄 20 世纪 50 年代由美国发现的茄梨红色芽变品种。1977 年由南斯拉夫引入我国。果个中大,平均单果重 132 克,葫芦形。果面全紫红色,平滑有蜡质光泽,果点小而不明显。果心中大,果肉乳白色,肉质细脆,稍韧,经 5～7 天后熟,肉质变软易溶于口,汁液多,石细胞少,味酸甜,有微香,品质上等,含可溶性固形物 12.3% 左右,可溶性糖 8.93%,可滴定酸 0.24%。果实不耐贮藏,常温下可贮藏 15 天左右。山东泰安地区果实 8 月上中旬成熟。

树势中庸,树姿直立。萌芽率 63.9%,成枝力弱。叶片长卵圆形,渐尖,叶缘钝锯齿状,无刺芒。主干灰褐色,1 年生枝暗红褐色。花白色。定植 4 年结果。以短果枝结果为主,较丰产稳产,采前落果轻。

16. 红巴梨 1938 年美国在一株 1913 年定植的巴梨树上发现的红色芽变。先后由南斯拉夫、美国等引入我国。果实粗颈葫芦形,平均单果重 225 克,果点小、少。幼果期果实整个果面紫红色,迅速膨大期果面阴面红色逐渐褪去,开始变绿,阳面仍为紫红色、片红。套袋果和后熟的果实阳面变为鲜红色,底色变黄。果肉白色,采收时果肉脆,后熟果肉变软,易溶于口,肉质细,汁液多,石细胞极少,果心小,含可溶性固形物 13.8% 左右,可溶性糖

10.8%,可滴定酸 0.2%,味甜,香气浓郁,品质极上等。山东地区 9月上旬成熟。常温下贮藏 10～15 天,0℃～3℃条件下贮藏至翌年 3月。

叶片长卵圆形,嫩叶红色。主干浅褐色,表面光滑,1年生枝红色。每花序 6朵花,花冠白色。树势中庸,树姿幼龄树直立,成年树半开张。定植 3年结果,萌芽率 78%,成枝力强,以短果枝结果为主。采前落果轻,较丰产稳产。幼龄树有二次生长特点,后期应控制肥水,以提高其抗寒和抗抽条的能力。适合在辽南、胶东半岛、黄河故道等梨产区栽培,适应性较强。抗寒能力弱,抗病性弱,易感染腐烂病;抗风、抗黑星病和锈病能力强。

17. 红安久 系 1823 年起源于比利时的晚熟、耐贮西洋梨品种,栽培面积在北美居第二位。1997 年山东省果树研究所自美国农业部国家梨种质资源圃引入我国。果实葫芦形,平均单果重 230 克,最大单果重可达 500 克。果皮全面紫红色,果面平滑,具蜡质光泽,果点中多,小而明显,外观漂亮。梗洼浅狭,萼片宿存或残存,萼洼浅而狭,有皱褶。果肉乳白色,质地细,石细胞少,经 1 周后熟后变软,易溶于口,汁液多,风味酸甜可口,具有宜人的浓郁芳香,含可溶性固形物 14% 以上,品质极上等。果实在室温条件下可贮存 40 天,在 −1℃冷藏条件下可贮存 6～7 个月,在气调条件下可贮存 9 个月。在山东泰安地区 9 月下旬至 10 月上旬果实成熟。

树体中大,幼龄期树姿直立,盛果期半开张,树冠近纺锤形。主干深灰褐色,粗糙,2～3 年生枝赤褐色,1 年生枝紫红色。花瓣粉红色,幼嫩新梢叶片紫红色,其红色性状表现远超过红巴梨和红考密思,具有极高的观赏价值。当年生新梢较安久梨生长量小。叶片红色,叶面光滑平展,先端渐尖,基部楔形,叶缘锯齿浅钝。

树体长势健壮,萌芽力和成枝力均高,成年树长势中庸或偏弱。幼龄树栽植后 3～4 年见果,高接后大树第三年丰产。成年大树以短果枝和短果枝群结果为主,中、长果枝及腋花芽也容易结果。该品种连续结果能力强,大小年结果现象不明显,高产稳产。该品种适应性广泛,抗寒性高于巴梨,对细菌性火疫病、梨黑星病的抗性高于巴梨;对白粉病、叶斑病、果腐病、梨衰退病(植原体病害)和梨脉黄病毒的抗性类似于巴梨;对食心虫的抗性远高于巴梨。但对螨类病害特别敏感。

18. 龙园洋红 由黑龙江省农科院园艺分院以 56-5-20 为母本,乔玛为父本杂交选育的抗寒品种。果实为不规则短葫芦形,平均单果重 186 克。果皮浅黄色,阳面有红晕,果点中小、中多。果心较小,果肉乳白色,肉质细,石细胞中多、小,后熟果肉变软,汁液多,风味甜,有香气,含可溶性固形物 16.05％左右,品质上等。黑龙江哈尔滨地区 9 月中旬成熟。

树势强,树姿开张,萌芽力、成枝力强。叶片卵圆形。主干灰褐色,多年生枝深灰色,1 年生枝黑灰色,花白色,花蕾粉红色,花粉极少。以短果枝结果为主。抗寒性强,可抗－38℃低温,在黑龙江中部以南地区均可栽培。抗病、抗红蜘蛛能力强。寒冷地区应以山梨为砧木,搭配晚香、冬蜜等品种作为授粉树。

九、其他新优品种

(一)早熟品种

1. 鄂梨 1 号 由湖北省农业科学院果茶蚕桑研究所以伏梨为母本,金水酥簜为父本杂交选育的早熟梨品种。果实近圆形,平均单果重 230 克,最大单果重 493.5 克,果形整齐。果皮薄、绿色,果点小、中多,果面平滑洁净,外观美。果心小,肉质细、脆、嫩、汁多,石细胞少,味甜,含可溶性固形物 10.6％～12.1％,总糖 7.88％,总酸 0.22％。在湖北武汉地区 7 月上旬成熟。果实耐贮藏。

树姿开张,1年生枝绿褐色,叶片较小。平均每花序 8.53 朵花,花瓣 5 枚,自花不结实。萌芽率 71%,平均成枝力 2.1 个。平均每果台坐果 2.2 个,每果台发副梢 1.05 个,果台连续结果力 10.37%。幼龄树以腋花芽结果为主,4 年生树腋花芽果枝比例仍高达 55.67%,盛果期以中、短果枝结果为主。早果性好,丰产稳产,无采前落果现象,大小年不明显。抗病性较强,对梨茎蜂、梨实蜂和梨瘿蚊具有较强的抗性。

2. 七月酥 由中国农业科学院郑州果树研究所以幸水作母本,早酥梨作父本杂交培育而成。果实卵圆形,果皮黄绿色,平均单果重 220 克,最大单果重 650 克以上,果面光滑洁净,果点小。果肉乳白色,肉质细嫩松脆,果心极小,无石细胞或很少,汁液丰富,风味甘甜,微具香味,含可溶性固形物 12.5% 左右,总糖 9.08%,总酸 0.10%,维生素 C 5.22 毫克/100 克,品质极上等。室温下,果实可贮放 20 天左右,贮后色泽变黄,肉质稍软。在河南郑州地区 7 月初成熟,较早酥梨早熟 20 天左右。

幼龄树树冠近长圆形,成年树树冠细长纺锤形。主干灰褐色,光滑,有轻微块状剥裂。1 年生枝红褐色,叶片淡绿色,长卵圆形。花药较多,浅红色。每花序有花 7～9 朵,多者达 12 朵,花序自然着果率 42% 左右。

树势强健,幼龄树生长旺盛,枝条直立,分枝少。定植 3 年开始结果,进入结果期后生长势逐渐缓和,形成大量中、短枝,较丰产稳产。果台副梢抽生能力弱,顶花芽和腋花芽较少,以短果枝或叶丛枝结果为主,大小年结果和采前落果现象不明显。可在黄淮地区及长江流域栽培。抗逆性中等,较抗旱、耐涝、耐盐碱;抗风能力弱;抗病性较差,叶片易感染早期落叶病和轮纹病,年降水量 800 毫米以上地区不宜大量栽培。

3. 早酥 由中国农业科学院郑州果树研究所以苹果梨作母

本,父本为身不知梨杂交培育而成。果实多呈卵圆形或长卵形,平均单果重 250 克,最大单果重可达 700 克。果皮黄绿色,果面果滑,有光泽,并具棱状突起,果皮薄而脆,果点小,不明显。果心较小,果肉白色,质细,酥脆爽口,石细胞少,汁特多,味甜稍淡,含可溶性固形物 11%～14%,可溶性糖 7.23%,可滴定酸 0.28%,维生素 C 3.70 毫克/100 克,品质上等。山东阳信地区 7 月下旬采收。果实室温下可贮藏 20～30 天,在冷藏条件下可贮藏 60 天以上。

树冠圆锥形,树姿半开张。主干棕褐色,表面光滑。2～3 年生枝暗褐色,1 年生枝红褐色。幼叶紫红色,成熟叶片绿色,卵圆形,叶缘粗锯齿状,具刺芒。花白色,有红晕,花粉量大。树势强健,萌芽率达 84%,成枝力中等偏弱。以短果枝结果为主,果台连续结果能力中等偏弱,具有早果、早丰产特性。适应性强,对土壤条件要求不严格,耐高温、多湿,也具有抗旱、抗寒性,较抗黑星病和食心虫。

4. 华酥 由中国农业科学院兴城果树研究所以早酥为母本,八云为父本进行种间远缘杂交育成。果实近圆形,个大,单果重 200～250 克。果皮黄绿色,果面光洁,平滑有蜡质光泽,无果锈,果点小而中多。果心小,果肉淡黄白色,酥脆,肉质细,石细胞少,汁液多,含可溶性固形物 10%～11%,可滴定酸 0.22%,维生素 C 1.08 毫克/100 克,酸甜适度,风味较为浓厚,并略具芳香,品质优良。耐贮性较差,室温下可贮放 20～30 天。在河北石家庄地区 7 月中旬成熟,较早酥早熟 10～15 天。

华酥梨幼龄树树姿直立,树势强健。多头高接树多水平枝,或斜生枝,1 年生枝绿褐色,新梢密被白色茸毛。皮孔长圆形,浅褐色,较稀。叶片长椭圆形,深绿色,叶缘针芒状复式锯齿形,叶芽尖小、呈三角形斜生。

萌芽率高,成枝率低,以短果枝结果为主,中、长果枝也有腋花芽结果习性,果台副梢结果能力较强,坐果率高,花序坐果率为97%,花朵坐果率60%以上,其产量与早酥相当,无裂果落果现象。适应性较强,抗腐烂病、黑星病能力强,兼抗果实木栓化斑点病和轮纹病。

5. 华金　由中国农业科学院兴城果树研究所以早酥为母本,早白为父本杂交育成。果实长圆形或卵圆形,果个大,平均单果重305克。果皮绿黄色,果面平滑光洁。果心较小,果肉黄白色,肉质细,酥脆,汁液多,味甜,有微香,含可溶性固形物11%~12%,品质上等。河南郑州地区7月上旬果实成熟。

树冠圆锥形,树姿半开张。1年生枝黄褐色,幼叶淡绿色,老叶绿色,卵圆形,叶缘细锐锯齿状,具刺芒,叶尖渐尖,叶基圆形。树势较强,萌芽率高,成枝力中等偏弱。以短果枝结果为主,间有腋花芽结果,果台连续结果能力中等,结果早,丰产性能好。华金适应性强,耐高温、多湿,抗寒、抗病性较强,高抗黑星病。

6. 金水　由湖北省农业科学院果树茶叶桑蚕研究所以金水1号为母本,兴隆麻梨为父本杂交选育而成。果实中大,平均单果重151.5克,果实圆形或倒卵圆形,果皮绿色,果面较平滑,无光泽,略具有果锈,果点中大、密集。果心小,果肉白色,肉质细,酥脆,汁液多,味酸甜,石细胞少,含可溶性固形物12.5%左右,品质上等。河南郑州地区7月下旬成熟。果实不耐贮藏,室温下可贮放20~30天,冷藏条件下可贮藏60天以上。

树冠阔圆锥形,树姿开张。枝干灰褐色,较光滑。多年生枝灰褐色,1年生枝褐色。幼叶淡红色,成熟叶片深绿色,卵圆形、平展,叶缘细锐锯齿状,有刺芒,叶尖渐尖,叶基卵圆形,花白色。

树势中庸,萌芽率60.7%,成枝力弱。以短果枝结果为主,果台连续结果能力强,坐果率高。适合在降水量较少的河南、陕南等地区栽培,在雨水偏多的长江流域栽培时果面果锈严重,且裂果严重。抗病性一般,易感染黑斑病,抗虫能力强。

7. 甘梨早 6 由甘肃省农业科学院果树研究所用四百目梨为母本，早酥为父本杂交育成。果实大，宽圆锥形，平均单果重238 克，最大单果重 500 克。果面光滑洁净，果皮细薄、绿黄色，果点小、中密。果肉乳白色、肉质细嫩酥脆，汁液多，石细胞极少，味甜、具清香，含可溶性固形物 12%～13.7%，可溶性糖 7.83%，有机酸 0.12%，维生素 C 含量 4.9 毫克/100 克，果心极小，品质上等。果实室温下可贮放 15～20 天，冷藏条件下可存放 50～60天。甘肃兰州地区 7 月下旬成熟，较早酥提早 25 天左右。

树冠圆锥形，树姿较直立。枝干灰褐色，表面光滑，1 年生枝红褐色，皮孔较稀。叶芽小、离生，花芽圆锥形，较大。叶片长卵圆形，叶尖渐尖，叶基心脏形，叶缘锯齿粗锐，叶片较大，叶片色泽浓绿，革质较厚，叶面平展，叶背具茸毛，嫩叶黄绿色。每花序 6～8 朵花，花冠白色，花药紫红色。

树势中庸，树形紧凑，萌芽率 70.1%，成枝力弱，以短果枝结果为主，坐果率高。幼龄树定植 2～3 年结果，结果早，丰产性好。抗逆性强，抗寒、抗旱性、抗病性强。

8. 美人酥 由中国农业科学院郑州果树研究所以幸水梨为母本，火把梨为父本杂交育成。果实卵圆形，平均单果重 275 克，最大单果重可达 500 克。部分果柄基部肉质化。果面光亮洁净，底色黄绿，几乎全面着鲜红色彩，外观像红色苹果。果肉乳白色，细嫩，酥脆多汁，风味酸甜适口，微有涩味，含可溶性固形物 15.5%左右，最高可达 21.5%，总糖含量 9.96%，总酸含量 0.51%，维生素 C 含量 7.22 毫克/100 克。品质上等，较耐贮运，贮后风味、口感更好。河南郑州地区 9 月下旬成熟。

树冠呈圆锥形，树势健壮，枝条直立性强，结果后开张。叶片长卵圆形，深绿色，叶缘细锐锯齿，具稀疏黄白色茸毛。每花序有花 9～10 朵，花药粉红色。

幼龄树生长旺盛健壮，萌芽率 72%，成枝力中等。生理落果轻,结果早,种植第二年即可结果,丰产性好。对梨黑星病、干腐病、早期落叶病和梨木虱、蚜虫有较强的抗性,抗晚霜,耐低温能力强。近几年来,在全国多种生态环境地区试种,均生长结果良好,适宜云贵川高海拔地区和黄淮海平原地区栽培。

9. 满天红　由中国农业科学院郑州果树研究所以幸水梨为母本,火把梨为父本杂交育成。果实近圆形,平均单果重 280 克。果实阳面着鲜红色晕,占 2/3。果点大且多。果心极小,果肉淡黄白色,肉质细酥脆化渣,汁液多,无石细胞或很少,风味酸甜可口,香气浓郁,含可溶性固形物 13.5%～15.5%,总糖含量 9.45%,总酸含量 0.4%,维生素 C 3.27 毫克/100 克,品质上等,较耐贮运,贮后风味、口感更好。郑州地区 9 月下旬成熟。

树姿直立,干性强,枝干棕灰色,较光滑。1 年生枝红褐色,嫩梢具黄白色毛,幼叶棕红色,两面均有毛。叶阔卵形,浓绿色,叶缘锐锯齿状,先端长尾尖。每序有花 7～10 朵,花冠初开放时粉红色,花药深红色。

幼龄树生长势强旺,萌芽率 78%,成枝力中等。结果较早,当年生枝极易形成顶花芽和腋花芽,以短果枝结果为主。幼龄树栽后第二年即可结果,高接树第三年恢复原产量水平。极丰产稳产,大小年结果和采前落果现象不明显。对梨黑星病、干腐病、早期落叶病和梨木虱、蚜虫有较强的抗性,抗晚霜,耐低温能力强。近几年来,在全国多种生态环境地区试种,均生长结果良好,适宜云贵川高海拔地区和黄淮海平原地区栽培。

（二）中熟品种

1. 金星　由中国农科院郑州果树研究所以栖霞大香水为母本,兴隆麻梨为父本杂交育成。果实近圆形,浅黄绿色,外观漂亮,平均单果重 220 克,最大单果重可达 480 克。果面光洁,果点密,稍突出。果心小,果肉淡黄白色,细脆酥松,汁液特多,风味甘甜纯正,微酸,香气浓郁,口感好,总糖含量 9.48%,总酸含量 0.21%,维生素含量 5.35 毫克/100 克,含可溶性固形物 13.5% 左右,品质上等。货架期长,室温下可贮放 30 天以上,较早酥梨、日本幸水和新世纪梨的品质、风味、口感好,耐贮运性和抗病性 强。果实 7 月下旬至 8 月上旬成熟,成熟后果实不易脱落,可在 树上挂至 8 月下旬至 9 月上旬。

树冠近半圆形,枝条生长充实健壮,芽子紧实饱满,枝条节间 较短。多年生枝灰褐色,1 年生枝黑褐色。叶片卵圆形绿色,叶尖 渐尖,叶基楔形,叶缘锯齿锐尖。每花序有花 5～7 朵,花瓣卵圆 形,花药浅黄色。

生长势中庸强健,枝条硬,较开张。定植第二年开始结果,以 短果枝结果为主,顶花芽和腋花芽较易形成,成花量大,坐果率 高,花序坐果率为 52%。果台副梢连续结果能力强,每序坐果 2～3 个。极丰产稳产,无采前落果和大小年结果现象。该品种抗逆性 强,抗旱耐涝,耐瘠薄,抗寒性、抗风力好,病虫害少,高抗梨黑星 病,腐烂病和锈病。蚜虫、梨木虱较少危害。

2. 金水 1 号　由湖北省农业科学院果茶蚕桑研究所以长十 郎为母本,江岛为父本杂交育成。果实大,阔倒卵形或近圆形,平 均单果重 293.8 克,最大单果重 600 克以上。果皮绿色,果面较 平滑,无光泽,部分有锈盖,果点中大且多。果心中大,果肉白色, 肉质中细、酥脆,石细胞少,汁液多,含可溶性固形物 10.97% 左 右,可滴定酸 0.235%,维生素 C 含量 2.37 毫克/100 克,酸甜适 度,无香气,品质中上等。果实成熟期为 8 月下旬。耐贮性不强。

主干及多年生枝灰褐色,较粗糙,1 年生枝褐色或黄褐色。叶 片阔卵圆形或卵圆形,叶片浓绿色,嫩叶淡红色。花冠白色,平均 每序 4.8 朵花。

树冠圆锥形,树姿较直立,生长势强。萌发力高,成枝力弱。 定植第三年开始结果,短果枝占总果枝量的 76.93%,果台连续结果能力中等。正常气候下,树势健壮,采前落果少。前期雨水过多,后期干旱,若树势衰弱则采前落果较重。一般年份丰产稳产,抗逆性和抗病虫性较强。梨蚜、红蜘蛛、梨木虱对其危害不严重。与桃混栽时,有的年份食心虫危害严重。

3. 脆香 由黑龙江省农科院园艺研究所以龙香为母本,中国农科院果树所新品系 56-11-55 为父本杂交选育而成的抗寒品种。果实长椭圆形,较整齐,平均单果重 75 克,最大单果重 158 克。果面正黄色,果皮薄,蜡质少,梗洼浅,有侧瘤,萼洼平、有小瘤,果点中大、多。果心小,果肉白,风味甜、微香,肉质细脆,汁中多,石细胞小、少,外观色泽好,含可溶性糖 9.35%,含可溶性固形物 18.47% 左右,酸 0.17%,维生素 C 5.8 毫克/100 克,品质上等。无后熟期,食用成熟期为 8 月末。可贮近 2 个月,耐运输。

树干深褐色,粗壮、表面光滑。枝条棕褐色,分枝密度中等,皮孔长圆形、灰白色。新梢褐色,直,茸毛少,皮孔黄色。叶片深绿色,长卵圆形,叶突尖,叶基圆,叶缘平,锯齿单、深、细长。每花序 5～8 朵花,花蕾白粉色,花药紫红色,花粉量多。

脆香梨树势健壮,树姿半开张。芽萌发率高,成枝力中等。骨干枝分枝角度 20°～30°,以短果枝结果为主。自然授粉条件下,每花序坐果 2～5 个。在加强土肥水及合理修剪管理下无大小年现象。抗寒、抗病虫能力强。

4. 圆黄 由韩国园艺研究所以早生赤为母本,晚三吉为父本杂交育成。该品种果实大,平均单果重 250 克,最大单果重可达 800 克。果形扁圆,果面光滑平整,果点小而稀,无水锈、黑斑。果实成熟后金黄色,不套袋果呈暗红色。果肉为透明的纯白色,含可溶性固形物 12.5%～14.8%,肉质细腻多汁,几无石细胞,酥甜可口,并有奇特的香味,品质极上等。在山东 8 月中下旬成熟,常温下可贮 15 天左右,冷藏可贮 5～6 个月,耐贮性胜于丰水,品质超过丰水。

树势强,枝条开张,粗壮,易形成短果枝和腋花芽,每花序7~9朵花。叶片宽椭圆形,浅绿色且有明亮的光泽,叶面向叶背反卷。1年生枝条黄褐色,皮孔大而密集。抗黑星病能力强,抗黑斑病能力中等,抗旱、抗寒、较耐盐碱,栽培管理容易,花芽易形成,花粉量大。圆黄既是优良的主栽品种又是很好的授粉品种。自然授粉坐果率较高,结果早、丰产性好。

5. 八月红　由陕西省果树研究所与中国农业科学院果树研究所合作育成,以早巴梨为母本,早酥为父本。果实大,卵圆形,平均单果重262克。果面平滑,果实底色黄色,阳面鲜红色,着色部分占1/2左右,色泽光艳,果点小而密。果心小,果肉乳白色,肉质细、脆,石细胞少,汁液多,味甜,香气浓,含可溶性固形物11.9%～15.3%,品质上等。耐贮性弱,最佳食用期20天。在陕西杨凌地区8月中旬成熟。

主干暗褐色,光滑。1年生枝多直立,粗壮,红褐色。叶片椭圆形,叶缘锯齿钝状,叶尖渐尖,叶基阔楔形,嫩叶黄绿色。花白色,花药淡紫红色,每个花序6~8朵花。

树势强,树姿较开张,萌芽率87.3%,成枝力中等。定植3年后结果,各类果枝及腋花芽结果能力均强。果台副梢连续结果能力强。采前落果轻,丰产稳产。高抗黑星病、轮纹病、腐烂病。较抗锈病和黑斑病。抗寒、抗旱,耐瘠薄。

（三）晚熟品种

1. 秦酥　由陕西省果树研究所选育的优良晚熟耐贮梨新品种,母本为砀山酥梨,父本为黄县长把梨。果实近圆柱形,果实大,平均单果重286克,最大单果重725克。果实绿黄色,果面平滑,蜡质少,果点密,中等大。果梗长,先端木质,梗洼深,中广,梗洼有锈,似金盖。萼片脱落,弯洼深。果心小,果肉白色,质地细而松脆,石细胞少,汁多味甜,外观好,品质上等,含可溶性固形物

12.2％左右,可溶性糖 7.5％,可滴定酸 0.15％,维生素 C 3.05 毫克/100 克。在陕西杨凌地区 10 月初成熟。果实最佳食用期极长,极耐贮藏,可贮至翌年 5 月份,抗贮藏病害。

树姿半开张,圆锥形。主干灰褐色,光滑。1 年生枝暗褐色。叶片圆形,暗绿色,叶缘具锐锯齿。每花序 5～6 朵花,花冠白色。

树势强,萌芽率 71％,成枝力高,一般剪口下抽生 3 条长枝。开始结果年龄较晚,种植 5～6 年后开始结果,幼龄树以中、长果枝及腋花芽结果为主,成年树以短果枝结果为主,腋花芽结果能力强,约占 28％。果台副梢连续结果能力弱,花序和花朵坐果率均高。采前落果轻,丰产,但管理不善易出现大小年结果现象。采用细长纺锤形的整形方式,高度密植栽培可采用 1 米×3.5 米、倒“人”字形的整形修剪方法。授粉品种为砀山酥梨、雪花梨和早酥梨。

2. 晋蜜 由山西省农科院果树研究所于 1972 年以酥梨为母本、猪嘴梨为父本杂交育成。果实卵形至椭圆形,果实较大,平均单果重 230 克,最大单果重 480 克。果皮绿黄,贮后黄色,具蜡质,果点中大,较密,肩部果点较大较稀。果梗长 3～4 厘米,梗洼中大、中深,有的肩部一侧有小突起。萼片脱落或宿存,脱萼者萼洼较深广,宿萼者萼洼中大、较浅。套袋果实较白净美观。果心小,果肉白色,细脆,石细胞少,汁液多,味浓甜,具香气。9 月下旬采收的果实含可溶性固形物 12.2％～16％,可溶性糖 8.29％～10.18％,可滴定酸 0.004％～0.08％,维生素 C 含量 0.22 毫克/100 克。10 月中旬采收的果实含可溶性固形物 18.8％,品质上等或极上等。果实耐贮运,贮后蜡质增厚,香气变浓,风味有所增加,在土窑洞内可贮至翌年 5 月份。最适食用期为 10 月份至翌年 4 月份。

树姿较直立,2～3 年生枝红褐色至灰褐色。皮孔近圆形至扁圆形,中大,中多。1 年生枝绿褐色至紫褐色。叶芽较小,花芽短圆锥形,较小。叶片浓绿,较厚,卵形至阔卵形,先端渐尖或尾尖,基部近圆形至心形。有的叶柄阳面有红晕,嫩梢及幼叶暗红色。花蕾及初开花的花瓣边缘红色,每序5~8朵花,花较大,花瓣近圆形至扁圆形,花瓣间重叠。

幼龄树较直立,生长势强,大量结果后树势中庸。萌芽率高(70.7%),幼龄树成枝力中等,大量结果后成枝力减弱。晋蜜梨嫁接苗4~5年结果,经甩放拉枝处理的梨树3年即可结果。以短果枝结果为主,结果初期部分中、长果枝也结果。果台连续结果能力弱,多为隔年结果,但不同的枝组间可交替结果,果枝健壮。若坐果过多,管理不当,则会形成大小年结果现象。无采前落果。较耐旱,较耐寒,抗寒性较酥梨强。有的年份易受黄粉蚜危害。

3. 大南果　由辽宁省鞍山市农林牧业局、辽宁省果树研究所和沈阳农业大学园艺系等单位共同选育的南果梨的大果芽变品种。大南果梨果实中等大,果实扁圆形,平均单果重125克,最大单果重可达214克。果皮绿黄色,贮后转为黄色,阳面有淡红或鲜红晕,果面平滑,有蜡质光泽,果点小而多。梗洼浅而中广。萼片脱落或残存,萼洼中等深广,有皱格。果心中大或小,果肉黄白色,肉质细,采收即可食,经7~10天后熟,果肉变软呈油脂状,柔软易溶于口,味酸甜并具诱人的芳香,品质极上等,含可溶性固形物15.5%。在辽宁兴城地区果实9月上中旬成熟,为中熟的优良软肉品种。果实耐运输,不耐贮放,常温条件下可贮放25天左右,冷藏条件下可贮放到翌年3月末。果实既可鲜食,又可制罐。

树冠圆锥形,树姿半开张,主干及多年生枝褐色,光滑。1年生枝灰褐色。叶片倒卵圆形,深绿色,嫩叶淡绿色。花冠白色,花瓣椭圆形。生长势强,萌芽率高,成枝力中等。幼龄树3年结果,以短果枝结果为主,果台连续结果能力弱。采前落果轻,较南果梨丰产稳产。

大南果梨适应性强,抗寒力强,可耐-30℃的低温。抗旱,抗黑星病力较强,抗虫力也强。但对波尔多液抗性较差,喷此药时要慎重。

4. 晚香 晚香梨是黑龙江省农科院园艺所育成,亲本为乔玛×大冬果。果实近圆形,平均单果重 180 克,最大单果重 400 克。果面浅黄绿色,贮后正黄色,果皮中厚,蜡质少,有光泽,无果锈,果点中大。果心圆形,果心小,果肉白色,果质脆,果质较细,石细胞少而且小,果汁多,含可溶性固形物 12.1% 左右,可滴定酸 0.53%,维生素 C 0.43 毫克/100 克,品质中上等。9 月末成熟,可贮 5 个月,最佳食用期为 10 月末到 11 月初。适于冻藏,经冻藏后不皱皮,果面油黑,果肉洁白,多汁,风味鲜美。此外,晚香梨还适于加工罐头。

树冠圆锥形,树姿半开张,主干及多年生枝深褐色、光滑。1 年生枝条棕褐色。叶片长卵圆形,深绿色,嫩叶黄绿色,叶缘平展,锯齿单,叶尖缓尖,叶基阔圆。花冠中大,花蕾淡粉色,花瓣白色。每花序 5～8 朵花,花药紫红色,花粉较多。

生长势强,萌芽率高,成枝力强。低接幼龄树第三年开始结果,短果枝结果为主,果台抽生能力强。无采前落果,丰产稳产。抗寒能力强,抗腐烂病能力强,抗黑星病能力中等。

5. 硕丰 由陕西省农业科学院果树研究所以苹果梨为母本,砀山酥梨为父本杂交育成。果实近圆形或阔倒卵形,果实大,平均单果重 250 克,最大单果重 600 克。果面光洁,具蜡质,果皮绿黄色,具红晕,果点细密,淡褐色。果肉白色,质细松脆,石细胞少,汁液特多,酸甜适口,具香气,含可溶性固形物 12%～14%,可溶性糖 8.36%～10.56%,可滴定酸 0.102%～0.17%,品质上等。山西晋中地区果实 9 月初成熟,耐贮藏。

树体生长势较强,树姿较开张。易成花,结果早。结果初期,中、长果枝较多,大量结果后,以短果枝结果为主,腋花芽结果能力较强,丰产稳产。较抗寒,适应性广。授粉品种为苹果梨、鸭梨、雪花梨、晋蜜梨、早酥、锦丰梨等。

6. 新梨 4 号　由新疆生产建设兵团农七师农科所 1975 年以大香水为母本，苹果梨为父本杂交育成。果实中型，长卵圆形，单果平均重 158 克，最大单果重 182 克，大小整齐。果面光滑，底色绿黄，覆鲜红晕，外观美丽。果皮厚，果点中等大而密，灰白色，凹入。梗洼中深、中广。萼洼中深，中广，波状，有肉瘤。果心小，果肉白色，肉质中粗而脆，致密，汁液中等，酸甜味浓，含可溶性固形物 14%，含酸量 0.23%，品质上等。较耐贮藏，在一般条件下可贮存到翌年 1～2 月份。

树冠呈圆锥形。幼龄树树姿直立。成年树开张，主枝角度 70°，树干颜色灰色，表面粗糙。树皮纵裂，多年生枝灰色。新梢粗壮，直顺，直立或斜生，枝质较硬。1 年生枝浅褐色，皮孔显著，圆形，灰白色，中等大小，中等密度，凹入。嫩梢绿黄色，茸毛多。叶片卵圆形，叶面绿色，叶背灰绿色，叶片形状和颜色颇似苹果叶片，光滑，平展，无茸毛，中等厚薄。叶尖渐尖或长突尖，叶基圆形，叶缘锯齿锐，中等大小，整齐。花冠中等大小，花瓣扁圆形，白色，花药紫红色，花粉量多。

幼龄树树势较强旺，成年树树势中庸，萌芽力 92.9%。成枝力中等，延长枝剪口下抽生 3 个长枝。嫁接苗 5 年生开始结果，高接树高接后第三年开始结果，成年树主要结果枝是短果枝，生理落果轻，采前基本不落果。抗寒力较强，较抗腐烂病，蚜虫发生较少，不抗食心虫。

7. 晚秀　由韩国园艺研究所用单梨×晚三吉杂交育成的晚熟新品种，1998 年引入我国。果实圆形，果实大，平均单果重 620 克，最大单果重 2 000 克。果面光滑，果点大而少，无果锈，果皮为黄褐色，中厚。果肉白色，石细胞极少，肉质细，硬脆，汁液多，含可溶性固形物 14%～15%，品质极上等。山东胶东地区 10 月上旬成熟。室温下可贮藏 4 个月左右，低温冷藏条件下可贮藏 6 个月以上,且贮藏后风味更佳。

树姿直立。1年生枝浅青黄色,粗壮,新梢浅红绿色。叶片大,长椭圆形,叶缘锯齿锐,中等大,叶柄浅绿色,叶脉两侧向上卷翘,叶片呈合拢状且下垂。叶芽尖而细长并紧贴枝条是该品种的两大特征。花芽饱满,花冠大、白色,每个花序有5~6朵花,花粉量大。

树势强健,萌芽率低,成枝力强。高接树枝条甩放1年后,腋芽形成花芽能力弱,甩放2年后,容易形成短果枝和花束状果枝。苗木定植后第三年开始结果,以腋花芽结果为主,花序自然坐果率12.5%,人工授粉花序坐果率高达93.7%。套袋后,果面整洁,无水锈,无黑斑。晚秀梨黑星病、黑斑病发病极轻。较耐干旱,耐瘠薄,采前不落果。适合在华北地区栽植,但须配置圆黄、新高等品种作授粉树。

第三章
梨园规划与栽培新模式

一、园地规划

（一）园地选择

梨树对土壤条件要求不严,但以在土层深厚、质地疏松、透气性好的肥沃沙壤土上栽植的梨树更丰产、优质。

一般而言,平原地要求土地平整、土层深厚肥沃;山地要求土层深度 50 厘米以上,坡度在 5°～10°;坡度越大,水土流失越严重,不利于梨树的生长发育,北方梨园适宜在山坡的中下部栽植,而梨树对坡向要求不很严格。盐碱地土壤含盐量不高于 0.3%,含盐量高时,需经过洗碱排盐或排涝进行改良,然后栽植;沙滩地地下水位须在 1.8 米以下。

（二）园地基础规划

梨园园地的规划原则是省工高效,充分利用土地。园地规划主要包括水利系统的配置、栽培小区的划分、防护林的设置及道路、房屋的建设等。

1. 果园道路 在平整土地时,要以确定的主路为基线,确定另一条垂直方向的主路,并延伸到梨园的边缘,定好标记。在此记号的基础上,确定每行两端的位置,做好标记。挖定植坑时,在长绳上按株画记号,点出定植点。道路及各行的木桩标记在定植前不要拔掉,定植时还要以此作为标记,木桩可随时校正,以确保栽植整齐。在山区及丘陵地区则应按等高水平线测量定点,行向可以根据地形确定。

2. 水源　水是建立梨园首先要考虑的问题,要根据水源条件设置好水利系统。有水源的地方要合理利用,节约用水;无水源的地方要设法引水入园,拦蓄雨水,做到能排能灌,并尽量少占土地面积。

3. 小区设计　为了便于管理,可根据地形、地势及土地面积确定栽植小区。一般平原地每1~2公顷为一个小区,主栽品种2~3个。小区之间设有田间道,主路宽8~15米,支路宽3~4米。山地要根据地形、地势进行合理规划。

4. 防护林　栽植防护林能改善生态环境,保护果树的正常生长发育。因此,建立梨园时要搞好防风林建设工作。一般每隔200米左右设置一条主林带,方向与主风向垂直,宽度20~30米,株距1~2米,行距2~3米。在与主林带垂直的方向,每隔400~500米设置一条副林带,宽度5米左右。小面积的梨园可以仅在外围迎风面设一条3~5米宽的林带。

5. 果园机械　果园建设中要充分利用机械。目前,劳动力越来越贵,造成人工成本增高,所以全国各地果园的建设应多以机械建园为主。机械作业与人力抽槽建园相比有很大的优势。以湖北天门市长寿林场2000年建园为例,机械作业8小时可完成700米抽槽工作,而人工8小时只能完成10~15米,且人工难以严格分开表土和心土,而机械在回填时可节省40%回填工。从施工质量来看,机械挖掘整齐一致,质量明显好于人工。从工效来看,机械与人工的抽槽规格分别为1.0米×0.6米、0.7米×0.7

米,抽槽量分别为 700 米/8 小时和 10～15 米/8 小时;回填量分别为 700×0.4 米/8 小时和 40～50 米/8 小时;工价(抽槽＋回填)分别为 1.70＋0.2＋0.5 元/米;用工量分别为 1.9 小时/667 米²、99.5～167 小时/667 米²;工程成本分别为 283.9 元/667 米²、367.4 元/667 米²。以上也可得出机械的工效是人工的 52.4～87.9 倍,而且每 667 米² 的建园成本比人工要低 83.5 元。因此,在地形平缓、土层较厚或少量风化石的土质和易于找到工程施工的挖掘机时,宜用机械建园,成本更低、质量更好、工程进展更快。机械建园适合在较大面积基地进行,而小面积作业成本较高,在山地建园还需有上下通行之路。

（三）授粉树的配置

大多数的梨品种不能自花结果,或者自花坐果率很低,生产中配置适宜的授粉树是省工高效的重要手段。授粉品种必须具备如下条件:①与主栽品种花期一致。②花量大,花粉多,与主栽品种授粉亲和力强。③最好能与主栽品种互相授粉。④本身具有较高的经济价值。一个果园内最好配置 2 个授粉品种,以防止授粉品种出现小年时花量不足。主栽品种与授粉树比例一般为 4～5∶1,定植时将授粉树栽在行中,每隔 4～5 株主栽品种定植 1 株授粉树,或 4～5 行主栽品种定植 1 行授粉品种。

（四）栽植密度

适宜的栽植密度是省工高效的重要手段。随着果园机械的大量使用,宽行密植成为果园的发展方向。当然,栽植密度要根据品种类型、立地条件、整形方式和管理水平来确定。一般生长势强旺、分枝多、树冠大的品种,例如,白梨系统的品种,密度要稍小一些,株距 4～5 米,行距 5～6 米,每公顷栽植 333～500 株;生长势偏弱、树冠较小的品种要适当密植,株距 3～4 米,行距 4～5

米,每公顷栽植 500～833 株;晚三吉、幸水、丰水等日本梨品种,树冠很小,可以更密一些,即株距 2～3 米,行距 3～4 米,每公顷栽植 833～1 666 株。在土层深厚、有机质丰富、水浇条件好的土壤上,栽植密度要稍小一些,而在山坡地、沙地等瘠薄土壤上应适当密植。

(五)生态梨园的基地建设

1. 大气监测标准 大气监测可参照国家制定的大气环境质量标准(GB 3095—82)执行。大气环境质量标准分以下 3 级(表 3-1)。

表 3-1 大气环境质量标准

污染物	浓度限值(毫克/立方分米)			
	取值时间	一级标准	二级标准	三级标准
总悬浮微粒	日平均	0.15	0.30	0.50
	任何一次	0.30	1.00	1.50
飘 尘	日平均	0.05	0.15	0.25
	任何一次	0.15	0.50	0.70
二氧化硫	日平均	0.05	0.15	0.25
	任何一次	0.15	0.50	0.70
氮氧化物	日平均	0.05	0.10	0.15
	任何一次	0.10	0.15	0.30
一氧化碳	日平均	4.00	4.00	6.00
	任何一次	10.00	10.00	20.00
光化学氧化剂(O_3)	1 小时平均	0.12	0.16	0.20

(1)一级标准 为保护自然生态和人群健康,在长期接触情

况下,不发生任何危害影响的空气质量要求。生产绿色食品和无公害果品的环境质量应达到一级标准。

(2)二级标准 为保护人群健康和城市、乡村的动植物,在长期和短期接触的情况下,不发生伤害的空气质量要求。

(3)三级标准 为保护人群不发生急慢性中毒和城市一般动、植物(敏感者除外)正常的空气质量要求。

另外,随着经济的快速发展,大气污染日益严重,尤其以靠近工矿企业、车站、码头、公路的农林作物受害更重。大气污染物主要包括二氧化硫、氟化物、臭氧、氮氧化物、氯气、碳氢化合物,以及粉尘、烟尘、烟雾、雾气等气体、固体和液体粒子。这些污染物既能直接伤害果树,又能在植物体内外积累,人们大量使用后会引起中毒。

2. 土壤标准 土壤中污染物主要是有害重金属和农药。果园土壤的监测项目包括:汞、镉、铅、砷、铬 5 种重金属,六六六、滴滴涕 2 种农药以及 pH 值等。其中,土壤中的六六六、滴滴涕残留标准均不得超过 0.1 毫克/千克,5 种重金属的残留标准因土壤质地而有所不同,一般采用与土壤背景值(本底值)相比,可参阅《中国土壤背景值》。土壤污染程度共分为 5 级:1 级(污染综合指数 ≤0.7)为安全级,土壤无污染;2 级(0.7-1)为警戒级,土壤尚清洁;3 级(1-2)为轻污染,土壤污染超过背景值,作物、果树开始被污染;4 级(2-3)为中污染,即作物或果树被中度污染;5 级(>3)为重污染,作物或果树受污染严重。只有达到 1～2 级的土壤才能作为生产无公害果品的基地。

梨园土壤改良要深翻熟化,深翻达到 80 厘米左右,通气良好,含氧量 5% 以上,有机质含量 1% 左右。山地、丘陵要扩穴深翻,沙地园要抽沙换土,黏土梨园需客土压沙,深翻一般在晚秋至早春结合施有机肥进行。深翻一方面可增强土壤通气性,有利于土壤中微生物的活动,从而加速肥效的发挥;另一方面可打破土壤障碍层,扩大根系的分布范围,对山丘薄地、有黏板层的黏土地及盐碱地尤为重要。通过深翻,深层土壤的根系因环境条件的改善而生长大大好转,且因深层土壤的温度、水分等比较稳定,深翻的根在冬季不停止活动,提高了果树的抗冻、抗旱能力。

深翻深度以比果树根系集中分布层稍深为宜,一般在60～90厘米,尽量不伤根或少伤1厘米以上的大根,因为梨树根系稀疏,大根伤断后恢复较慢。深翻的方法主要有如下几种。

(1)深翻扩穴　以栽植穴为中心,每年或隔年向外深翻扩大栽植穴,直到全园株行间全部翻遍为止。这种方法在山地、平地都可采用,对果园面积比较大、劳力少的情况下更适用。由于每次扩穴都要伤一部分根,为避免伤根而影响梨树生长结果,所以这种方法多在幼龄树期使用。

(2)隔行深翻　隔1行深翻1行,分2次完成,每次只伤一侧根系,对果树影响较小。这种方法适用于初结果的梨园。

(3)全园深翻　对栽植穴以外的土壤1次深翻完毕。全园深翻范围大,只伤1次根。这种方法有利于平整园地和耕作。

此外,套袋梨园应结合浅锄及化学除草的方法消灭杂草,严防杂草丛生,否则有碍树体通风透光,消耗地力,且易导致病虫滋生,果实品质变劣。浅锄后既可免伤根系,又有利于土壤通气,提高地温和保墒等作用,是套袋梨园土壤管理的好办法。

3. 灌溉水标准及灌水排水　果园灌溉水要求清洁无度,并符合国家《农田灌溉水质量标准》(GB 5084—92),其主要指标是:pH值5.5～8.5,总汞≤0.001毫克/升,总镉≤0.005毫克/升,总砷≤0.1毫克/升(旱作),总铅≤0.1毫克/升,铬(六价)≤0.1毫克/升,氯化物≤250毫克/升,氟化物2毫克/升(高氟区)、3毫克/升(一般区),氰化物≤0.5毫克/升。除此之外,还有细菌总数、大肠菌群、化学耗氧量、生化耗氧量等项。水质的污染物指数分为3个等级:1级(污染指数≤0.5)为未污染;2级(0.5～1)为尚清洁(标准限量内);3 级(≥1)为污染(超出警戒水平)。只有符合 1～2 级标准的灌溉水才能生产无公害果品。

土壤含水量以土壤最大持水量的 60%～70%最为适宜,低于或高于这个数值都对梨树生长不利,灌水量以浸透根部分布层(40～60 厘米)为准。梨园灌水应根据天气情况,原则上随旱随灌,做到灌、排、保、节水并重。施肥与灌水并重,一般每次施肥后均应灌水,以利肥效的发挥。根据施肥次数,灌水也应有萌芽期、幼果膨大期、催果膨大期及封冻前 4 次,即全年至少应浇 4 次水。梨园供水应平稳,灌水的量以灌透为度,避免大水漫灌,否则不但浪费水而且效果不好。套袋梨园采前 20 天应禁止灌水,否则果实含糖量降低。套袋梨园果实易发生日灼病,因此土壤应严防干旱,浇水次数和浇水量应多于不套袋梨园,一般套完袋要浇 1 遍透水防止日灼。

二、苗木栽植

(一)栽植时期和方法

果园定植时应尽量选用质量好的苗木,避免死苗补栽。栽之前应采用生根粉等方法处理苗木,提高苗木成活率。栽植后要及时灌溉、覆膜,这些工作虽看似费工,但可长期保水、保墒,促进苗木的生长发育,更省工高效。

1. 栽植时期 选择适宜的栽植时期是省工高效定植的基础。梨树一般从苗木落叶后至翌年发芽前均可定植,但具体时期要根据当地的气候条件来决定。冬季没有严寒的地区,适宜采用秋栽。落叶后早栽植有利于根系的恢复,苗木成活率较高,翌年萌发后能迅速生长。华北地区秋栽时间一般在 10 月下旬至 11 月上旬。冬季寒冷、干旱或风沙较大的地区,秋栽容易发生抽条和干旱,因而最好在春季栽植。春季栽植一般在土壤解冻后至发芽前进行,北方一般适宜在4月上中旬栽植。

2. 栽植方式　栽植方式有多种,包括长方形、正方形、带状和等高形。

(1)长方形栽植　梨园栽培中应用最广泛的一种方式,行距大于株距,通风透光,便于行间操作和机械化管理。株行距一般为4米×6米或3米×5米。

(2)正方形栽植　是指株行距相等,前期透光好,但土地利用率低,后期造成郁闭,多用于计划管理。株行距通常为2米×2米。

(3)带状栽植　是指栽植双行为一带,带距大于行距,适于高密度栽植,但带内管理不方便,郁闭较早,后期树冠难以控制,可与架式栽培一起应用,方便管理。

(4)等高栽植　适用于山地和坡地梨园,有利于水土保持,行距可根据坡度来确定。

3. 栽植前的准备　定植前首先按照计划密度确定好定植穴的位置,挖好定植穴。定植穴的长度、宽度和深度均要达到1米左右;山地土层较浅,也要达到60厘米以上。栽植密度较大时,可以挖深、宽各1米的定植沟。

回填时每穴施用50~100千克土杂肥,与土混合均匀,填入定植穴内。回填至距地面30厘米左右时,将梨苗放入定植穴中央位置,使根系自然舒展,然后填土。填土后同时轻轻提动苗木,使根系与土壤密切接触,最后填满、踏实,立即浇水。栽植深度以灌水沉实后苗木根颈部位与地面持平为宜。

（二）栽植后的管理

1. 浇水及覆膜　春季定植灌水后立即覆盖地膜是省工高效的栽植方法,覆盖地膜可以提高地温,保持土壤墒情,促进根系活动。土壤干旱后要及时浇水和松土。秋季栽植后要在苗木基部

埋土堆防寒,苗干可以套塑料袋以保持水分,到春季去除防寒土后再浇水覆盖地膜。

2. 定干　栽后应立即定干,以减少水分蒸腾,防止"抽条"。同时,应防止风吹,以免造成倒苗,影响根系生长和成活。

3. 剪萌　苗木发芽后,要及时剪掉苗干下部的萌芽条,有利于新梢生长及扩大树冠。

4. 补栽　春季应检查苗木栽植后的成活情况,发现死苗后,可在雨季带土移栽补苗,栽后及时浇水。

5. 树盘管理　栽植当年可在行间种植豆类、花生,或者苜蓿、草木樨等,每次浇水后应及时松土。

6. 追肥　在 6 月上旬应每株追施尿素 100～150 克;7 月下旬追施磷肥和钾肥,喷洒 0.3% 尿素于叶面;8～9 月份喷施 0.3%～0.5% 磷酸二氢钾于叶面,全年叶面喷肥 4～5 次。

7. 抗冻措施　抗冻措施必不可少,简单有效的方法就是上冻前后每月在苗木和土壤上喷洒 1 次用水稀释 8～10 倍的土面增温剂,积雪融化后再喷 1 次,防寒效果非常理想,也十分简单高效。

三、梨树栽培新模式

（一）矮化密植栽培

随着科学技术的不断发展,果树栽培制度也在迅速变革,生产上经历了由稀植转向密植、粗放管理到精细管理、低产到高产、低品质到高质量的发展过程,并且正在向集约化、矮化密植和无公害方向发展。近些年来,果树矮化密植栽培发展很快,已成为当前国内外果树生产发展的大趋势。所谓矮化密植栽培,是指利用矮化砧木、选用矮生品种(短枝型品种)、采用人工致矮措施和植物生长调节剂等,使树体矮化,栽植株行距缩小,并采取与之相适应的栽培管理方法,获得早期丰产的一种新的果树栽培技术。

现在世界上许多国家已推广梨的矮化密植栽培,如美国、德国等国家的梨树均以矮化密植栽培为主。目前,欧洲西洋梨产区,不同梨园栽培密度变化较大,每 667 米^2 栽植株数从 67 株到 800 株以上都有,常用行距为 3～4 米(表 3-2)。

表 3-2　欧洲梨园栽植密度

类　　型	株/667 米^2	株距(米)
低密度	＜67	＞2.5
中密度	67～167	2.5～1
高密度	167～333	1～0.5
极高密度	333～533	0.5～0.3
超高密度	＞533	＜0.3

近 10 年来,我国果树发展异常迅猛,生产上常用的果树栽植密度由 20 世纪 50～60 年代株行距 5 米×6 米和 4 米×5 米变成 70～80 年代的株行距 4 米×4 米和 3 米×4 米。90 年代至 21 世纪初的株行距变得更小,有的为 2 米×3 米和 1 米×3 米。当前,我国梨园栽培密度变化较大,最少每 667 米^2 栽 22 株,最多为每 667 米^2 栽 296 株。树形也由过去的自然分层形、开心形逐渐发展为改良分层形、二层开心形、V 形、纺锤形、柱形和独干形等。果树矮化密植,一般栽植第二年就可挂果,第三年就可丰产,8～10 年就可以完成一个栽培周期。例如,矮密栽培苹果树较传统栽培有许多优点,它可提前 1～2 年结果,早丰产 2～3 年,5 年以前的产量是乔化砧的 2.2～2.7 倍。6 年生果树单产达 75 000 千克/公顷以上,且产量稳定,盛果期时间占一生的 2/3 以上,果实品质优良,市场售价比乔化果高 10%～20%。

1. 矮密栽培早结果、早丰产、早收益　矮密栽培的果树普遍结果早、丰产早。发展矮砧栽培可以生产优质高档果品、提高早期产量和经济效益。矮化果树缩短了前营养生长阶段,改变了幼龄树期的枝类比例,减少了营养消耗,增加了物质积累,从而促进果树早成花、早结果、早丰产、早收益。矮砧栽培一般栽后 2～3 年开始开花结果,4～5 年后即可进入丰产期,要比以往稀植的果树丰产期提前 3～4 年。

2. 单位面积产量高　由于矮密栽培的单位面积株数较多,叶片面积系数大,能经济利用土地和光能,并靠群体增产,因而能提高单位面积的产量。由于乔化果树树体高大,栽植稀且结果晚,土地、光能利用不经济,所以单位面积效益低。生产实践表明,密植矮砧梨树是获得果树高产高效的重要途径。

3. 果实品质好、耐贮藏　矮密栽培的果树具有比乔化果树受光量多,叶片光合效率高,利于光合产物积累,所以表现为果实着色早、色泽鲜艳、含糖量高、果个大、均匀整齐、成熟期相应提前、硬度变化缓慢、果实较耐贮藏等优点。

4. 便于田间管理　适于机械化作业,利于集约化栽培。矮砧梨园不但果品质量好、产量高,而且由于树体矮小、单株枝量少等,管理也方便,适应机械化作业,可显著提高修剪、打药、采摘等工效。矮密果园多采用宽行密株、小冠整形的布局,便于田间喷药、施肥、中耕除草等机械化作业,从而进一步提高果园经济效益。矮化砧木嫁接树冠高 2～3 米,容易修剪、喷药,便于管理。在西欧和美国,梨建园基本都应用了矮化砧木,加上机械管理,梨园每年用工多为 400～500 小时/公顷。

5. 生产周期短,便于更新换代　种性是影响果品优劣的首要因素,及时更换优良品种,是现代果树栽培的重要特点。矮化果树结果早,可以提早获益;早期丰产和较高的效益,也为品种的及时更新提供了有利条件。日本从 20 世纪 60 年代以来,品种更新基本是 10 年 1 代,西欧一些先进国家时间还要短些,这使他们一直保持着果品质量的领先地位。

6. 经济利用土地 矮密栽培可最大限度地提高土地利用率，在有限的土地上获得较高的产量和效益。我国目前人口众多，人均土地面积逐年减少，因此积极发展果树矮密栽培是今后果树生产的必由之路。

虽然矮化密植是果树栽培发展的总趋势，但也存在不足之处：①利用矮化砧时，矮化砧木的矮化性越强，树势越弱，寿命越短。尤其在土壤瘠薄和干旱地区表现更为明显。②由于矮化砧木根系浅，抗倒伏能力差，对风等自然灾害抵抗力弱，所以矮化砧木育苗繁殖比乔化砧更困难。③矮化密植栽培建园成本较高，在许多国家需要设立支柱，防止倒伏。④利用乔砧进行矮密栽培时，在控制树冠、抑制生长、促进花芽形成等方面比较费工。⑤在利用短枝型品种时，有的有复原现象，果园群体不整齐；有的易感病毒；有的抗寒性差，不适合在寒冷地区发展等。

目前，生产中果树的矮化途径主要有以下几种：①利用矮化砧木。②选用矮生品种。一些矮生短枝型品系，大都由芽变产生。③采取管理措施控制树体。果树生产中多采用早期促花措施，如控肥、控水、环剥、倒贴皮、拉枝等，使果树延缓长势，达到矮化目的。④使用植物生长调节剂。

榅桲是西洋梨的矮化砧木，法国现在约有90%的梨树以榅桲为砧木。生产上应用最多的榅桲砧木类型是 EMA、EMB 和 EMC 3 种砧木。EMC 为矮化砧，EMB 为半矮化砧。榅桲与中国梨之间存在嫁接不亲和现象。

中矮 1 号，树冠为圆头形，树姿矮壮紧凑。抗寒性强，高抗枝干纶纹病和腐烂病。果实大，平均单果重 204 克。1999 年通过辽宁省农作物品种审定委员会审定并命名，开始推广。2003 年获得品种保护权。该品种可直接入盆进行盆栽，作中间砧可使嫁接品种树矮化、早结果、早丰产，矮化程度相当于对照果树树体的 70%。

中矮 2 号（极矮化中间砧），抗寒、抗腐烂病和轮纹病。与品种亲和良好，接口平滑。作梨树中间砧矮化效果极好，其矮化程度相当于对照树体的 35.4％。早果性好，作梨树中间砧嫁接早酥梨，定植第二年开花株率达 95％以上；丰产性好，一般定植园 4～5 年即可进入盛果期。

矮化中间砧 S5，本身为紧凑矮壮型，抗寒力中等，抗腐烂病和枝干轮纹病。品种亲和性好，接口平滑。作梨树中间砧矮化效果好，矮化程度相当于对照的 53.9％。早果性和丰产性好。

密植栽培树体结构：树高 3～3.5 米，干高 60 厘米左右，中心干上均匀着生 18～22 个大、中型枝组，枝组基部粗度为着生部位中心干直径的 1/3～1/2，枝组分枝角度为 70°～90°，行间方向的枝展不超过行间宽度的 1/3。果树整行呈篱壁形。圆柱形建园时，选用 2～3 年生砧木大苗于春季土壤解冻后按照 0.75 米×3 米株行距定植，在砧木萌芽期嫁接梨品种。秋后培育出高度 1.6～2.5 米的优良品种大苗，在此基础上培养圆柱形。中心干多位刻芽促枝技术是培养该树形的关键，即春天萌芽时，对大砧梨苗中心干基部 60 厘米以上和顶端 30 厘米以下的芽实施刻芽技术。在芽上方 0.5 厘米处重刻伤，深达木质部，长度为枝条周长的 1/2。翌年，继续对中心干采用多位刻芽促枝技术，对中心干延长枝顶端 30 厘米以下芽体进行刻芽促分枝，3 年可完成圆柱形树形的培养。

幼龄树及初果期树：不短截，不回缩，只采用疏枝和长放技术，保持枝组单轴延伸。盛果期树：不短截，少回缩；结果枝组更新时，采取以小换大的方法控制树体大小；注意控制树冠上部强旺枝，防止上强下弱。结果枝组枝头一律不短截，对于过长枝或枝头角度过大、过小的枝组进行回缩。该修剪方法简单，修剪量小，树体通风透光条件更好。

（二）架式栽培

架式栽培是日本、韩国梨树的主要栽培模式，其最初目的是抵御台风的危害。通过多年的实践发现，架式栽培还具有提高果实品质和整齐度、操作管理方便、省工省力等优点。20世纪90年代架式栽培引入我国，近年来我国梨架式栽培发展很快。

梨架式栽培主要是通过整形修剪的手段，将梨树的枝梢均匀分布在架面上，再结合其他管理技术，进行新梢控制和花果管理的一种栽培方式。目前，日本大面积采用的是水平网架，具体树形主要有水平形、漏斗形、折中形、杯状形，主枝数目有二主枝、三主枝和四主枝。目前，应用较多的是三主枝折中形。20世纪30年代以后，梨的水平网架栽培技术从日本传入韩国，后来韩国根据国情对其进行了改良，形成了拱形网架。韩国2007年梨产量46万吨，其中拱形网架栽培占了相当大的部分。

我国网架梨园发展迅速，主要分布在山东、辽宁、河北、浙江、江苏、上海、福建、江西等东部沿海或近海省份，湖北、河南、安徽、四川等省也有少量种植。我国梨园网架栽培的架式主要包括：水平形、"Y"形、屋脊形（倒"V"形）、梯形网架模式等。从建园方法上，我国网架梨园多数通过大树高接而来，少量是从幼龄树定植建园而来。

梨的网架式栽培的优点：①分散顶端优势，缓和树体营养生长和生殖生长的矛盾。②通过改变树体的姿势，可以合理安排枝和果实的空间分布。③改善树体的受光条件，枝不搭枝、叶不压叶，提高光合作用效率。④提高果实品质。⑤改善果实外观。⑥枝条呈水平分布，枝条内养分可较均匀地分配到各个果实，果形和果重的整齐度显著改善。⑦梨果都在网架下面，减轻了枝摩叶扫，好果率大大提高。⑧方便管理。⑨梨树正常生长树体高大，给梨树的日常管理带来很大的不便。网架离地面1.8～2米，利于人工操作和机械化作业,老人和妇女站在地上也可方便地完成工作,降低了劳动成本,提高了劳动效率,符合果树栽培省力化的要求。

1. 水平网架梨园的建立

(1)栽植 秋季或早春,选择高 1~1.2 米的优质苗木栽植。计划密植,生长势较强的品种如幸水等,永久树的株行距为 5 米×6 米;长势中庸的品种如新水、丰水、新高,永久树的株行距为 4 米×4 米。配置授粉树。

(2)水平网架的架设 水平网架架设时间一般在幼龄树栽植 2 年后的冬季。在梨园的四个角分别设立一根角柱(20 厘米×20 厘米×330 厘米),角柱向园外倾斜 45°,每角柱设两个拉锚(间距为 1 米),拉锚(15 厘米×15 厘米×50 厘米)用钢筋水泥浇铸,埋入土中深度 1 米,其上配置一根 1.2 米长的钢筋并预留拉环,用于与边柱连接,拉索为钢绞线,角柱之外设有角边柱。梨园周边两角的间距不超过 100 米,若距离太远,角柱负荷太大,可能引起塌棚。在每株、行向的外围四周分别立一边柱(12 厘米×12 厘米×285 厘米),向园外倾斜 45°,棚面四周用钢绞线固定边柱,每柱下设一拉锚(12 厘米×12 厘米×30 厘米),拉锚用钢筋水泥浇铸,埋入土中深度为 0.5 米,其上配置一根 60 厘米长的钢筋并预留拉环,用于连接棚面钢绞线,拉索同上。棚面用镀锌铁丝(10♯或 12♯)按 50 厘米×50 厘米的距离纵横拉成网格,先沿一个方向将镀锌线固定在围定的围线上,在拉与之垂直方向的镀锌线时,先固定一端,再一上一下穿梭过相邻网线,最终固定在另端围定的钢绞线上。随后用钢绞线将角柱分别与角边柱固定。顺行向在每株间设一间柱(规格为 10 厘米×10 厘米×200 厘米),支撑中间的棚架面保持高度 1.8~2 米。

2. 水平网架梨园的树形与产量标准 水平网架梨的树形主要有水平形、漏斗形、杯状形、折中形等,均为无中心干树形。

（1）水平形 干高 180 厘米左右,主枝 2～4 个,接近水平,每个主枝上配备配置 2～3 个侧枝,侧枝与主枝呈直角,侧枝上配备结果枝组。

（2）漏斗形 干高 50 厘米左右,主枝 2～3 个,主枝与主干夹角 30°左右。

（3）杯状形 干高 70 厘米左右,主枝 3～4 个,主枝与主干夹角 60°左右,主枝两侧培养出肋骨状排列的侧枝。

（4）折中形 是其他 3 种树形改良后的树形,干高 80 厘米左右,主枝 2～3 个,主枝与主干夹角 45°左右,在每个主枝上配置 2～3 个侧枝,每个侧枝上配置若干个中、小型结果枝组。目前,折中形树体结构简单,修剪量轻,容易整形,方便操作,节约用工,在生产中应用较多。梨水平网架栽培的结果部位主要在架面上呈平面结果状。丰产期每 667 米² 的产量控制在 2 500～3 500 千克,优质果率在 90% 以上。

3. 新建网架梨园整形修剪

（1）幼龄树整形 以丰水梨为例。

第一年:定干高度 80～100 厘米。用一根竹竿插栽在苗木附近,用麻绳将其与苗木固定。萌芽后,待苗木上端抽生的新梢长 20 厘米左右时,选留 3～4 个生长方向不同的健壮枝梢作为主枝培养,保持其直立生长,落叶后将主枝拉至与主干呈 45°角,三主枝间相互呈 120°(四主枝间相互呈 90°)的位置,用麻绳将其与竹竿绑定,留壮芽剪去顶端部分。

第二年:继续培育主枝,并选留侧枝。继续保持主枝与主干夹角为 45°,上一年主枝的延长枝直立生长。每主枝上选留 2～3 个侧枝,其背上枝、背下枝尽早抹除。第一侧枝距主干距离 60～70 厘米,其下的枝、芽要全部抹除;第二侧枝在第一侧枝对侧,二者在主枝上间距 50～60 厘米;第三侧枝在第二侧枝对侧,二者在主枝上间距 40～50 厘米。

第三年：继续培育主枝、侧枝，并选留副侧枝。此时幼龄树已有一定的花量，但都着生在主枝与侧枝上，不宜留果，否则将严重影响主枝和侧枝的生长发育，影响今后整个树冠的扩大。开花前，将主枝、侧枝上的花芽全部去除。主枝仍未培育好的果树，生长期内使顶芽发出的新梢保持垂直向上生长，维持其强势状态。选择主枝延长枝上与第一侧枝同侧的侧生新梢作为第三侧枝培育，对其及时摘心控制其生长势，以防与主枝延长枝竞争；对其他新梢也进行连续摘心控制生长，以防与主枝延长枝竞争。此时树体骨架基本形成，应继续调整主枝、侧枝的主从关系。在每个侧枝上选留 2～3 个副侧枝，选留副侧枝的方法与选留侧枝的方法基本相同。在 6 月上中旬，枝梢停长后或硬化前，要及时加大主枝、侧枝、副侧枝的生长角度，以免后期将枝梢引缚到棚面时被折断。副侧枝选留后，树体高度已超过棚面。冬季落叶 2 周后，将主枝延长枝、侧枝、副侧枝超过棚面的部分引缚在棚面上。用麻绳"8"字形绑定枝梢与网线，在枝梢韧性允许的范围内尽可能将其放平固定。主枝延长枝留壮芽剪去顶端后，将其顶部用竹竿竖直固定。引缚侧枝时，不同主枝上的侧枝顶部之间间距不小于 1.2 米，侧枝与主枝延长枝顶部间距不小于 1.2 米。将侧枝顶端留壮芽短截后，与棚面保持 45°，用竹竿固定。副侧枝在其相互错开的情况下进行水平引缚。

第四年：继续培育侧枝，重点培育副侧枝。梨树进入第四年后，生长量逐步增大，如果生长发育正常，树体将形成有 3～4 个主枝、9～12 个侧枝及 18～36 个副侧枝的丰满树冠。这时树体已有较多花量，修剪上应充分考虑生长与结果的平衡，不可挂果过多，主枝及其延长枝上仍不能坐果，每一侧枝的结果量控制在 4 个果以内。此期整形的关键是保持主枝顶端的生长势，在 4 年生主枝上的合理部位选择方向、长势等适合的枝梢培养成侧枝的后备枝。

1~4 年生幼龄树的整形还可采取一套简单的方法：第一年萌发的 3~4 个主枝，待新梢长到 70~80 厘米时，将其引缚在竹竿上，以后每增高 50 厘米左右引缚 1 次，形成垂直集中诱引，目的是保证主枝的强生长势，以及树不被风吹倒。前 3 年不剪枝，一直向上引缚，于第四年 6 月中下旬将枝引缚至棚面。其方向、角度等与前一种方法相同。由于主枝的顶端一直垂直向上，因此，主枝的生长势较强，第四至第五年选定侧枝与副侧枝。

　　（2）成年树修剪特点　此时网架栽培树形已经形成，修剪主要是保持主枝的先端生长优势和稳定树势，修剪应掌握单轴延伸和枝组基部更新的原则。

　　①单轴延伸　主、侧枝都保持单轴延伸，养分水分运输流畅，减少枝条堵截、变向而引起的水分、养分流动受阻。延长枝的枝头都短截，保证延长头的强生长势，延长头的作用就是起带头作用，它对水分、养分的抽拉作用非常重要。只要头不倒整个枝条就没有问题。如果延长头衰弱了，整个枝的养分分配就紊乱了。

　　②枝组基部更新　改变原来普通栽培方式逐年回缩。形成大型或中型结果枝组的做法是采取枝组基部更新。基部更新就是以基部长出的新梢替换老枝，在同一个位置来回更替，永远保持结果枝的年轻健壮。壮年枝结果是生产优质果的关键，枝条生长超过 5 年就容易衰弱，病虫害加重。5~6 生及以上的结果母枝，水分、养分的运输能力降低，果实大小不整齐，品质也降低。采用枝组基部更新，虽然树龄老了，但枝龄却永远不老。短果枝结果为主时，结果枝直径应大于 0.8~1.2 厘米，太细的枝要去掉。

　　4. 大树高接建水平网架梨园　网架架设与幼龄树建园相似。白梨系统的大、小香水梨，长把梨，鸭梨等都可高接改良。洋梨系统的巴梨、红巴梨、茄梨等因易感胴枯病及亲和力差等，不宜用作砧木高接。改变过去的多层多头高接方法，在基部选留 4 个用作主枝的大枝，其他部位的大枝一律疏除。采用主枝回缩，骨干枝上打洞皮下接的方法,使侧枝能在当年形成。对已高接改造并大量结果的网架梨园,应加大主枝的选留,对主枝以外的大枝逐年从基部疏除。同时,对选留的主枝和侧枝于冬季加强短截,从饱芽下剪,促使其抽生强旺的新梢,以迅速向外围架面延伸,并注意主枝背上枝的选留和培养,可将其及时培养成侧枝。

高接树要及时抹除萌蘖,以免影响高接枝的生长。高接后第一年新梢长势旺,愈合尚未牢固,当新梢长 30 厘米左右时在接枝对面绑缚支棍,以防风折。高接枝前 2 年生长旺盛,应注意抹芽、抹梢和引梢等管理办法。高接树的修剪仍然坚持单轴延伸和枝组基部更新的原则。对于高接多年,树势已偏弱,骨干枝密且势弱,大型枝组偏多、老化,结果枝组衰弱,枝条密度过大的树应该增加总体修剪量;以疏为主,打开通风透光的通道,疏除部分过密、过大枝组,更新回缩衰弱骨干枝头,回缩复壮衰老枝组,疏去过密的细弱小枝和短果枝群。通过这些措施将营养集中,以复壮枝组和促进树势,保持商品果重和提高果品质量。

第四章
梨园宏观结构与整形修剪

一、梨园的宏观层次

梨园是一个复杂的、动态平衡的人工生态系统,气候条件(温度、水分、光照、风速等)、土壤条件、地形特点和栽培措施等相互联系和制约。

光照是光合作用的能源,合理的梨园宏观层次应尽量提高光能的利用率,同时提高果实品质。光照是影响果树光合作用的最主要因子,光照状况直接影响果实品质,它不但影响果实着色,而且还可通过对碳水化合物的合成、运输和积累,来影响果实单果重和多项品质指标。太阳辐射到达树冠时一部分被叶片截获用于光合作用,另一部分则穿过树冠空隙到达地面,用于土壤的增温和蒸发耗热。光合有效辐射是果园生产总干物质和果实品质保证的基础,因此研究不同果园总的光能截获是了解造成果园不同产量和果实品质的基本要素。

果树冠层是树木主干以上集生枝叶的部分,一般由骨干枝、枝组和叶幕组成。冠层是梨树结构的主要组成部分,其结构及组成对树体的通风透光有决定性的影响。冠层结构决定着太阳辐射在冠层内的分布,Myneni 等(1989)认为在冠层内部同时存在着半影效应、透射、反射和叶片散射现象。朱劲伟等（1982）提出了短波辐射通过林冠层时的吸收理论，将叶层结构分为水平叶层、垂直向光叶层、特殊交角叶层和随机分布叶层4种情况，分别推出了被林冠吸收的直射和散射光强的数学模式。对冠层的光合作用的影响除了冠层内的光合有效辐射外，温度、湿度、二氧化碳浓度、风速，以及土壤水分和养分状况等因子对冠层的光合作用也有很大的影响，这种影响也是由冠层结构决定的。

叶幕是果树叶片群体的总称，叶幕结构即叶幕的空间几何结构，包括果树个体大小、形状和群体密度。其主要限定因素是：栽植密度以及平面上排列的几何形状，株行间宽度、行向，叶幕的高度、宽度、开张度，叶面积系数和叶面积密度。就树冠叶幕的光截留、光通量和光分布而言，总的趋势是，光照从内到外、从上到下，逐渐减弱。

在一定范围内，果树产量随着光能截获的率提高而增加，果树光能截获率在60%～70%时对平衡果树的负载和果实品质最有利。程述汉等（2002）以气象理论为基础，根据果树生长发育特点，以树冠基部外围日照时间大于25%总日照时间为前提，建立了生产中常用的3种树形（纺锤形、圆锥形、圆柱形）的果园的光能截获率的数学模型，进而计算位于任意纬度的果园的最佳栽植行向、理想的树体结构。魏钦平等（1994）应用数学推导的方法建立了果树栽植行向、树形和果园光截获的数学模型。计算了不同纬度在行距一定的条件下，果树最佳树体高度和冠幅，为果园合理密植、调节树体结构提供了理论基础。Patricia（1990）研究了4种树形（圆锥形、纺锤形、圆柱形和中间形）表面光能差异，结果表明，圆柱形表面光能截获率最多，有利于果实品质的形成，其次分别是纺锤形、圆锥形、中间形。

光能截获和光合有效辐射的透过率是一对矛盾体，受到国内外科研人员的关注。Jackson（1980）研究表明，叶幕光能截获率和果园群体叶面积系数呈正相关,当群体叶面积系数高时,树冠光能截获率高,透射率低,光能利用率高,但是透射率低又造成了树冠内光照的不均匀分布,如果考虑树冠光能的均匀分布,那必然会导致树冠光能截获的减少。篱壁形果树,果园太阳辐射透过率较高;而纺锤形、自由纺锤形树的叶幕层太厚,可造成太阳辐射由树冠外层向内层的迅速递减。

生产上,人们总是从经济效益的角度尽可能充分利用生态环境资源获得最大的经济效益。园艺工作者一般认为,高密度果园早期结果的关键是在栽植后的前几年快速发展树冠内的枝叶数量,提高果园早期的叶面积。因此近 20 年来,为了提早结果,提高土地和光热资源的利用,果树栽培由大冠稀植逐步向小冠密植发展,树形由适合大冠的自然圆头形、扁圆形等转为适合密植的小冠疏层形、自然纺锤形、细长纺锤形、篱壁形和开心形等。小冠形树体发育快、结果早,对土地和光热资源利用率高。

二、高光效树形与整形修剪

(一)高光效树形

1. 二层开心形　树体的基本结构是树高 3.5～4 米,冠径 4～4.5 米,干高 50～60 厘米。全树分两层,一般有 5 个主枝,其中第一层 3 个主枝,开张角度 60°～70°,每主枝着生 3～4 个侧枝,同侧主枝间距要达到 80～100 厘米,侧枝上着生结果枝组;第二层 2 个主枝,与第一层距离 1 米左右,两个主枝的平面伸展方向应与第一层 3 个主枝错开,开张角度 50°～60°。该树形透光性好,最适宜喜光性强的品种。

苗木定植后留 80～100 厘米定干。第一次冬剪时选生长旺盛的剪口枝作为中央领导干,剪留 50～60 厘米,以下 3～4 个侧生分枝作为第一层主枝。以后每年同样培养上层主枝,直到培养出第三层主枝时去掉第三层,控制第二层以上的部分,最终落头开心成二层开心形。侧枝要在主枝两侧交错排列,同侧侧枝间距要达到80厘米左右。

2. 开心形 树体的基本结构是树高4～5米,冠径5米左右,干高40～50厘米。树干以上分成3个势力均衡、与主干延伸线呈30°角斜伸的中心干,因此也称为"三挺身"树形。三主枝的基角为30°～35°,每主枝从基部培养1个背后枝或背斜侧枝,作为第一层侧枝。每个主枝上有侧枝6～7个,成层排列,共4～5层,侧枝上着生结果枝组,里侧仅能留中、小枝组。该树形骨架牢固,通风透光,适于生长旺盛直立的品种,但幼龄树整形期间修剪较重,结果较晚。

苗木定植后留70厘米定干。第一次冬剪时选择3个角度、方向均比较适宜的枝条,剪留50～60厘米,培养成为3条中干。第二年冬剪时,每条中干上选留1个侧枝,留50～60厘米短截,以后照此培养第二、第三层侧枝。主枝上培养外侧侧枝。整个整形过程中要注意保持三条中心干势力的均衡。

3. 纺锤形 树体的基本结构是树高3米左右,冠径2～2.5米,干高60厘米。中心干上直接着生大型结果枝组(即主枝)10～15个,中心干上每隔20厘米左右1个,插空排列,无明显层次。主枝角度70°～80°,枝轴粗度不超过中干的1/2。主枝上不留侧枝,直接着生结果枝组。纺锤形特点是只有一级骨干枝,树冠紧凑,通风透光好,成形快,结构简单,修剪量轻,生长点多,丰产早,结果质量好。

苗木定植后,定干高度80～100厘米。第一年不抹芽,在树干40～50厘米及以上,对枝条长度在80～100厘米者秋季拉枝,枝角角度90°,余者缓放;冬剪时对所有枝进行缓放。翌年,拉平的主枝背上萌生的直立枝,对离树干20厘米以内者全部疏除,20

厘米以外的每间隔 25～30 厘米扭梢 1 个,其余除去。中心干发出的枝条,长度 80 厘米左右者可在秋季拉平,过密的疏除,缺枝的部位进行刻芽,促生分枝。第三年开始控制修剪,以缩剪和疏剪为主,除中心干延长枝过弱时不剪,一般都缩剪至弱枝处,将其上竞争枝压平或疏除;弱主枝缓放,对向行间伸展太远的下部主枝从弱枝处回缩,疏除或拉平直立枝,疏除下垂枝。第四或第五年中心干在弱枝处落头,以后中心干每年都在弱处修剪以保持树体高度稳定。修剪时应根据梨树的生长结果状况而定,幼旺树宜轻剪,以后随树龄的增长,树势渐缓,修剪应适度加重,以便恢复树势,保持丰产、稳产、优质的树体结构。

4. "Y"形 树体的基本结构是无中干,干高 50～60 厘米,两主枝呈"V"形,主枝上无侧枝,其上培养小型侧枝和结果枝组,两主枝夹角为 80°～90°。

该树形要求定植苗为壮苗,定干高度 70～90 厘米;定干后第 1～2 芽抽发的新枝,开张角度小,其下分支开张角度大,可以培养为开张角度大的主枝,在生长季中,开张角度小的可疏除。第 2～3 年冬剪时,主枝延长枝剪去 1/3,夏季注意疏除主枝延长枝的竞争枝等。第四年对主枝进行拉枝开角,并控制其生长势;生长季节对旺长枝进行疏除、扭枝抑制其生长,以便形成短果枝和中果枝。第五年树形基本完成,表现为主枝前端直立旺盛,徒长枝少,短果枝形成合理。

5. 棚架形 水平棚架梨的树形主要有水平形、漏斗形、折中形、杯状形等。水平形,干高 180 厘米左右,主枝 2 个,接近水平。漏斗形,干高 50 厘米左右,主枝多个,主枝与主干夹角 30°左右。杯状形,干高 45 厘米左右,主枝 3～4 个,主枝与主干夹角 60°左右,主枝两侧培养出肋骨状排列的侧枝。折中形是其他三种树形改良后的树形,干高 80 厘米左右,主枝 3 个,主枝与主干夹角 45°左右,在每个主枝上配置 2～3 个侧枝,每个侧枝上配置若干个中、小型结果枝组。棚架栽培梨的结果部位主要在架面上呈平面结果状。

苗木定植后,定干高度 80 厘米,用一根竹竿插栽在苗木附近,用麻绳将其与苗木固定。萌芽后,待苗木上端抽生的新梢长20 厘米左右时,选留 3～4 个生长方向不同的健壮枝梢作为主枝培养,保持其直立生长,落叶后将主枝拉至与主干呈 45°角,三主枝间相互夹角 120°,四主枝间相互夹角 90°,用麻绳将其与竹竿绑定,留壮芽并剪去顶端部分。

第二年继续培育主枝,并选留侧枝。继续保持主枝与主干45°夹角,上一年主枝的延长枝直立生长。每主枝上选留 2～3 个侧枝,其背上枝、背下枝尽早抹除。第一侧枝距主干距离 60～70厘米,其下的枝、芽要全部抹除;第二侧枝在第一侧枝对侧,二者在主枝上间距 50～60 厘米;第三侧枝在第二侧枝对侧,二者在主枝上间距 40～50 厘米。

第三年继续培育主枝、侧枝,并选留副侧枝。此时幼龄树已有一定的花量,但都着生在主枝与侧枝上,应严格控制坐果量,否则会影响今后整个树冠的扩大。开花前,将主枝上的花芽全部去除;每一侧枝上最多保留 2 个果实,其余的全部去除。主枝仍未培育好的果树,在其生长期内将主枝延长枝顶芽下的第四个芽作为第三侧枝培育,对其要及时摘心,控制其生长势,以防其与主枝延长枝竞争营养;对顶芽发出的新梢要保持其垂直向上生长状态,对剪口下方其他新梢进行连续摘心控制生长,以防与主枝延长枝竞争营养。此时树体骨架基本形成,应继续调整主枝、侧枝的主从关系。在每个侧枝上选留 2～3 个副侧枝,选留副侧枝的方法与选留侧枝的方法基本相同。在 6 月上中旬,枝梢停长后或硬化前,及时加大主枝、侧枝、副侧枝的生长角度,以免枝梢后期将其引缚到棚面时被折断。副侧枝选留后,树体高度已超过棚面。冬季落叶 2 周后,将主枝延长枝、侧枝、副侧枝超过棚面的部分引缚至棚面上。用麻绳"8"字形绑定枝梢与网线,在枝梢韧性允许的范围内尽可能将其放平固定。主枝延长枝留壮芽剪去顶端后,将其顶部竖直,并用竹竿固定。引缚侧枝时,应考虑不同主枝上的侧枝顶部之间间距不小于 1.2 米,侧枝与主枝延长枝顶部间距不小于 1.2 米,尽可能相互错开后再绑定;将侧枝顶端留壮芽短截后,与棚面保持 45°,用竹竿固定。副侧枝在其相互错开的情况下进行水平引缚。

成年树的修剪主要是保持主枝的先端生长优势。主枝先端易衰弱,可以适当回缩。生长势已经下降的树要改变修剪方法,首先确保预备枝以便恢复树势,剩下的枝则要配置长果枝。如果回缩修剪也不能使主枝健壮时,那么可利用基部发生的徒长枝更新主枝。被更新的主枝不要立即剪去,而是作为侧枝利用,当新的主枝基部长到与被更新主枝同样粗度时再更新。延长头"牵引力"的强弱是维持树势的关键,树不断长大,生长点变远后,必须考虑启用下一条枝作延长头,即先用两个延长头"牵引",然后再进行回缩更新。主枝和侧枝的延长枝继续向外引缚,始终保持主枝和侧枝先端的生长优势;疏除竞争枝,特别是主枝和侧枝先端的 2～3 个强枝。主枝延长枝的顶端保持直立,侧枝延长枝的顶端保持 45°角。每次冬剪后,整理棚架,修剪留下的结果枝也要全部绑缚诱引。

6. 圆柱形 树体结构:树高 3.0～3.5 米,干高 60 厘米左右,中心干上均匀着生 18～22 个大、中型枝组,枝组基部粗度为着生部位中心干直径的 1/3～1/2,枝组分枝角度 70°～90°,不留主枝,不分层。行间方向的枝展不超过行间宽度的 1/3。圆柱形整形简单,结果早,有时株间相连,行间有间隔,整行呈篱壁形。适宜株行距为 0.75～1 米×3～3.5 米。

建园时,选用 2～3 年生砧木大苗于春季土壤解冻后定植,在砧木萌芽期嫁接梨品种。秋后培育出高度 1.6～2.5 米的优良品种大苗,在此基础上培养圆柱形果树。春天萌芽时,对大砧梨苗中心干基部60厘米以上和顶端30厘米以下的芽实施刻芽技术。在芽上方0.5厘米处重刻伤,深达木质部,长度为枝条周长的1/2。翌年,继续对中心干采用多位刻芽促枝技术,对中心干延长枝顶端30厘米以下芽体进行刻芽促分枝,3年即可完成圆柱形树形的培养。幼龄树和初果期树:不短截、不回缩,只采用疏枝和长放技术,保持枝组单轴延伸。盛果期树:不短截、少回缩,结果枝组更新,采取以小换大的方法控制树体大小。

注意控制树冠上部强旺枝,防止上强下弱。结果枝组枝头一律不短截,对于过长枝或枝头角度过大、过小的枝组进行回缩。该修剪技术修剪方法简单,修剪量小,树体通风透光条件好。

(二)整形修剪

对树体进行合理的整形修剪,必须了解枝芽的生长特点,并按其特点采用适当的修剪方法和适宜的丰产树形。

1. 结果枝组的配置 着生在各级骨干枝上的小枝群,其中的若干结果枝和营养枝,是生长和结果的基本单位,常被称为结果枝组。梨的大、中、小型枝组,均易单轴延伸,应使其多发枝,以中结果枝组为主,大结果枝组占空间,小结果枝组补空间,达到合理配置。

2. 萌芽力较强、成枝力较弱的树 1年生枝上的芽能够萌发枝叶的能力称为萌芽力。一般以萌发的芽数占总芽数的百分率,即萌芽率来表示果树的萌芽力。1年生枝上的芽,不仅能够萌发,而且能够抽生长枝的能力,即成枝力。成枝力一般以长枝占总芽数的百分率或者具体成枝数来表示。梨树的萌芽力较强,成枝力比较弱,发枝少,主枝上的枝密度小,因此在整形修剪上,应注意使主枝、侧枝和大枝组多发枝。

3. 顶端优势较强的树 在同一枝条或果树上,处于顶端和上部的芽或枝,其生长势明显强于下部的现象,称为顶端优势,也称为极性。梨树的顶端优势强,枝条间生长势差异较大,容易上强下弱,中心枝延长头应适当重截,并及时换头,以控制中心枝增粗过快,长势过快。另外,梨树缓苗期较长,定植第一年往往发枝少,留不足主枝,要经过2年才能完成整形。

(1)不同树龄的修剪

①幼龄树期 幼龄树整形修剪重点应以培养骨架、合理整形、迅速扩冠占领空间为目标,在整形的同时兼顾结果。由于幼龄梨树枝条直立、生长旺盛、顶端优势强,很容易出现中干过强、主枝偏弱的现象。因此,修剪的主要任务是控制中干过旺生长,平衡树体生长势力,开张主枝角度,扶持培养主、侧枝,充分利用树体中的各类枝条,培养紧凑健壮的结果枝组,可早结果。

定植后,首先依据栽培密度确定树形,根据树形要求选留培养中干和一层主枝。为了在树体生长发育后期有较大的选择余地,整形初期可多留主枝,主枝上多留侧枝,经3~4年后再逐步清理,明确骨干枝。对其余的枝条一般尽量保留,轻剪缓放,以增加枝叶量,辅养树体,以后再根据空间大小进行疏枝、回缩调整,将其培养成为结果枝组。

选定的中心干和主枝,要进行中度短截,促发分枝,以培养下一级骨干枝。同时,短截还能促进骨干枝加粗生长,形成较大的尖削度,保证以后能承担较高的产量。为了防止树冠抱合生长,要及时开张主枝角度,削弱顶端优势,促使中后部的芽萌发。一般幼龄树期一层主枝的角度要求在40°左右。

幼龄树修剪时期要调整中干、主枝的生长势力,防止中干过强、主枝过弱,或者主枝过强、侧枝过弱。对过于强旺的中干或主枝,可以采用拉枝开角、弱枝换头等方法削弱生长势。

②初果期 梨树进入初果期后,营养生长逐渐缓和,生殖生长逐步增强,结果能力逐渐提高。此时要继续培养骨干枝,完成

整形任务,促进结果部位的转化,培养结果枝组,充分利用辅养枝结果,提高早期产量。

修剪时首先对已经选定的骨干枝继续培养,调节长势和角度。带头枝仍采用中截向外延伸;中心干延长枝不再中截,缓势结果,均衡树势。辅养枝的任务由扩大枝叶量、辅养树体,变为成花结果、实现早产。此时梨树已经具备转化结果的生理基础,只要长势缓和就可以成花结果。因此,要对辅养枝采取轻剪缓放、拉枝转换生长角度、环剥(割)等手段,缓和生长势,促进成花。

培养结果枝组,为梨树丰产打好基础,是该时期的重要工作。长枝周围空间大时,先进行短截,促生分枝,分枝再进行短截,继续扩大,可以培养成大型结果枝组;长枝周围空间小时,可以将其连续缓放,促生短枝,成花结果,等枝势转弱时再回缩,培养成中、小型结果枝组。中枝一般不短截,待成花结果后再回缩定型。大、中、小型结果枝组要合理搭配,均匀分布,使整个树冠圆满紧凑,枝枝见光,立体结果。

③盛果期 梨树进入盛果期后,骨架已经形成,树形基本完成,树势趋于稳定,具备了大量结果和稳产优质的条件。此时修剪的主要任务是:保持中庸健壮的树势和良好的树体结构,改善光照,调节生长与结果的矛盾;更新复壮结果枝组,防止大小年结果,尽量延长盛果期年限。

树势中庸健壮是稳产、高产、优质的基础。中庸树势的标准是:外围新梢生长量为30~50厘米,长枝占总枝量的10%~15%,中、短枝占85%~90%;短枝花芽量占总枝量的30%~40%;叶片肥厚,芽体饱满,枝组健壮,布局合理。树势偏旺时,采用缓势修剪手法,多疏少截,"去直立留平斜",弱枝带头,多留花果,以果压势。树势偏弱时,采用助势修剪手法,抬高枝条角度,壮枝壮芽带头,疏除过密细弱枝,加强回缩与短截,少留花果,复壮树势。对中庸树的修剪要稳定,不要忽轻忽重,各种修剪手法并用,及时更新复壮结果枝组,维持树势的中庸健壮。

结果枝组中的枝条可以分为结果枝、预备枝和营养枝 3 类,各占 1/3,修剪时要区别对待,平衡修剪,以维持结果枝组的连续结果能力。对新培养的结果枝组,要抑前促后,使枝组紧凑;衰老枝组及时更新复壮,采用去弱留强、去斜留直、去密留稀、少留花果的方法,恢复生长势。多年长放枝结果后及时回缩,以壮枝壮芽带头,缩短枝轴。去除细弱、密挤枝,压缩重叠枝,打开空间及光路。

梨树是喜光树种,维持冠内通风透光是盛果期树修剪的主要任务之一。解决冠内光照问题的方法有:一是落头开心,打开上部光路;二是疏间、压缩过多、过密的辅养枝,打开枝层;三是清理外围,疏除外围竞争枝及背上直立大枝,将其压缩改造成大枝组,解决下部及内膛光照。

④衰老期 梨树进入衰老期后,生长势减弱,外围新梢生长量减少,主枝后部易光秃,骨干枝先端下垂枯死,结果枝组衰弱而失去结果能力,所结果实个小、品质差、产量低。因此,必须对衰老树进行更新复壮,恢复树势,以延长盛果期年限。更新复壮的首要措施是加强土肥水管理,促使根系更新,提高根系活力,在此基础上再通过修剪对树势进行调节。

此期的主要任务是增强树体的生长势,更新复壮骨干枝和结果枝组,延缓骨干枝的衰老死亡。梨树的潜伏芽寿命很长,通过重剪刺激,可以萌发较多的新枝用来重建骨干枝和结果枝组。修剪时将所有主枝和侧枝全部回缩到壮枝壮芽处,结果枝去弱留壮,集中养分供给果实。衰老程度较轻时,可以将枝回缩到 2～3 年生部位,选留生长直立、健壮的枝条作为延长枝,促使后部复壮;果树严重衰老可对枝加重回缩,刺激隐芽萌发成徒长枝,一部分连续中短截,扩大树冠,培养骨干枝,另外一部分截、缓并用,培养成新的结果枝组。一般经过 3～5 年的调整,即可恢复树势,提高产量。

（2）不同品种的修剪

①鸭梨　鸭梨幼龄树生长健壮，树姿开张，进入结果年龄较早，一般4～5年开始结果，盛果期后产量容易下降。鸭梨萌芽率高，成枝力弱。长枝短截后萌发1～2个长枝，其余基本为短枝；经过缓放后，侧芽大部分能形成短枝，并容易成花结果。短果枝连续结果能力强，易形成短果枝群。短果枝群寿命长，结果稳定，是鸭梨的主要结果部位，应注意适当回缩复壮。

鸭梨树形依据栽植密度确定，稀植条件下，适宜的树形为主干疏层形或多主枝自然形，密植园可采用纺锤形。幼龄树期尽量少疏枝或不疏枝，对选留的骨干枝多短截，促使快速扩大树冠；其他枝条可以全部缓放，一般第二年就可以结果，也可以多截少疏，抚养树体，以后再缓放结果。盛果期以前，多缓放中枝培养结果枝组。进入盛果期以后，对成串的结果枝条适当回缩，集中养分供给果实。结果枝及短果枝群要注意及时更新，每年去弱留强、去密留稀，剪除过多的花芽，留足预备枝。鸭梨成年树生长势弱，丰产性又强，所以要加强土肥水管理，保持健壮树势；要保持树上有一定比例的长枝，主枝延长枝生长量在40～50厘米，长枝少则果个小，即成年鸭梨树的长枝要多截、不疏。鸭梨果枝成长容易，坐果率高，因此控制负载量非常重要。过度结果，会造成大小年结果现象，所以控制花量和过多结果，是此期修剪的主要任务。鸭梨具较强的更新能力，老梨树更新可取得较好的效果。

鸭梨成枝力弱，在幼龄树期要用主枝延长枝剪留旁芽的方法促生分枝，并适当增加短截的比例，刺激中、长枝的形成。在进入结果期后，应每年适当短截一部分外围枝，以促进中、长枝的形成，保持中、长枝一定比例，以便保持生长势，稳定结果。

密植园的修剪主要是控制树高，树冠大小应控制为株间交接量少于10%，行间留有足够的作业空间。合理调节大、中型结果枝的密度。大、中型枝所占的比例宜小,大体应控制在总枝量的20%以内。鸭梨容易形成小枝,在修剪时应注意培养大、中型枝组。鸭梨干性强,中心干过强会抑制基部枝的生长,不利产量和品质的提高,可通过中干多留花果消耗中心干内储存养分的方法,缓和中心干的长势。

②酥梨 酥梨树势中庸,干性强,树姿直立,枝条分枝角度较小,幼龄树树冠直立,萌芽率高,成枝力中等。发育枝短截后剪口下会萌发1~3个长枝,下部形成少量中枝,大多为短枝。发育枝缓放,顶端会萌生少数长枝,下部形成大量短枝。副芽易萌发生枝,有利于枝条更新。

酥梨一般4~6年生树开始结果,早期产量增长缓慢。酥梨常采用疏散分层开心形等,但要避免中心枝生长过旺。各主枝开张角度应循序渐进,不宜一次开张过大。主枝延长枝易轻剪,主枝上要多留枝,一般少疏或不疏枝,以增加主枝的生长量,避免中心干过强。对于中心干过强的树,改为延迟开心形。酥梨以短果枝结果为主,有少量中果枝和长果枝结果。果台枝多数萌发一个枝,有的比较长,不易形成短果枝群。果台枝短截时以长度而定,短于20厘米的果台枝一般只保留2个叶芽短截,20~35厘米的强果台枝留3个叶芽,35厘米以上特强的果台枝按发育枝处理。短果枝寿命中等,结果部位外移较快。果枝连年结果能力弱。新果枝结果好,衰弱的多年生短果枝或短果枝群坐果率低,应及时更新复壮。小枝组修剪时反应敏感,易复壮。

酥梨修剪整体上要保持树势均衡,树冠圆满紧凑,主从分明,通风透光,上层骨干枝组要明显短于下层骨干枝,从属枝为主导枝条让路,同层骨干枝的生长势头应基本一致。花芽枝和叶芽枝有一个适当的比例,一般为1:2~4。徒长枝过密时去强留弱、去直留斜,甩放至翌年成花。短枝在营养充足的条件下易转化为中、长枝,且容易转旺,常使整形初期的侧枝与辅养枝不分明。树体进入盛果期后,应适当缩减辅养枝和结果枝组,使之与侧枝逐渐分明。短果枝组成的枝组不用疏枝,大、中型结果枝组过大时可缩剪,以增强后部枝组的生长势。旺树的中、长枝应多甩放,待其形成花芽后回缩更新。对上强枝齐花回剪,换弱头;对下弱枝从基部饱满芽处重短截,增强生长势。对基部主枝生长势不均衡的树可采用强主枝齐花剪、细弱枝从顶部饱满芽处重截的办法,促使各主枝生长势逐步均衡。

③茌梨　茌梨生长势强,长枝短截能抽生 2～3 个长枝,其余多为中枝,短枝很少;缓放也多抽生中枝,只在基部萌发少量短枝。幼龄树干性强,生长直立,主枝角度小,但成年后主枝角度容易过度开张,多采用背上枝换头的方法来抬高主枝角度。

幼龄树期以短果枝结果为主,成龄后长、中、短果枝均可结果,腋花芽较多且结果能力较强。茌梨不易形成紧凑的短果枝群,结果部位容易外移,但隐芽萌发能力强,短截容易发枝,可对结果枝进行放、缩结合的修剪方式,稳定结果部位。

茌梨适宜树形为二层开心形。定植后先按主干疏层形整枝,多留主枝,以后再逐渐调整成二层开心形。幼龄树主枝保持 40°,延长枝第一年轻打头,第二年回缩到适宜的分枝处,以增加枝条尖削度,促使骨架牢固。

茌梨的结果枝组更新容易,对大、中型结果枝组不要急于回缩,可在空间允许的情况下任其自然扩大,到枝组后部出现光秃时,再回缩更新,其萌发的新枝很容易结果。茌梨幼龄树、成年树对修剪反应均敏感,剪重了,全树冒条,旺长;剪轻了,易出现光秃现象。幼龄树修剪以轻为主,以疏为主,不可为了强调整形而强行修剪。大树花芽多时,修剪宜稍重,但不宜枝枝重剪,直立强旺者要去强枝留中庸枝,生长弱的要回缩复壮;果枝花芽成串时,要短截以提高坐果率,而大树修剪过重,仍有全树返旺的可能。茌梨修剪标准是少跑条,不光秃。茌梨隐芽易萌发。另外,茌梨在梨树中是喜光性较强的品种,自然生长枝叶较稀,光照较好。

④栖霞香水梨　香水梨萌芽率高,成枝力强。长枝短截后能抽生 3～4 个长枝,其余为中、短枝;缓放后下部多发生短枝,分枝角度较大,树冠较开张。

幼龄树期长、中、短果枝都能结果,进入盛果期后以短果枝和短果枝群结果为主,短果枝群分枝多而紧凑,寿命长,结果部位稳定。

适宜树形为主干疏层形。由于成枝力强,分枝角度大,因而主、侧枝的选留与培养比较容易。要注意加大一、二层枝间的距离,培养好三层主枝后即可落头开心。修剪时根据空间大小,利用中、长枝培养结果枝组。进入盛果期后,注意短果枝群和结果枝组的更新。结果大树枝干较软,枝叶量大,丰产,下层骨干枝易下垂而过度开张;应注意疏清中央领导干第一层和第二层间的大的辅养枝,控制第二、三层枝的枝叶量,使第一层主枝受光条件好,角度过重时抬高角度;下层枝细弱时,要通过上层疏枝来解决;下层枝的修剪,只适宜用修剪法,而不宜用堵截;下层枝要加重疏果,减少负载量。利用中枝甩放,形成串花枝,留 3～4 个短枝花芽回缩,结果后抽生的果台枝多且细弱,要注意疏剪。须注意的是,香水梨的隐芽萌发力较差,回缩不能过急,否则容易引起枝条死亡,应当在培养好预备枝后再回缩。

⑤砂梨　丰水、晚三吉、幸水、新高等品种都属于砂梨系统,具有共同的修剪特点。幼龄树生长较旺,树姿直立,萌芽率高,成枝力弱。长枝短截后萌发 1～2 个长枝和 1～2 个中枝,其余均为短枝。砂梨以短果枝和短果枝群结果为主,连续结果能力强,中、长果枝及腋花芽较少。

由于砂梨成枝力低,骨干枝选留困难,因此不必强求树形,可采用多主枝自然圆头形、改良疏散分层形、自由纺锤形和改良纺锤形等。幼龄树期多留主枝,多短截促发枝条,到盛果期后再对多余枝逐步清理,调整结构。修剪时要少疏多截,直立旺枝要拉平利用,以便培养枝组。在各级骨干枝上均应培养短果枝群,并且每年更新复壮,疏除其中的弱枝弱芽,多留辅养枝。对树冠中隐芽萌生的枝条注意保护,以便培养利用。修剪以生长期为主,休眠期为辅。生长期主要进行夏季修剪措施;休眠期以疏枝为主,调整树形。

幼龄树树形宜采用自由纺锤形和改良纺锤形。定干后,对发出的枝条进行摘心,促发分枝。秋季枝条拿枝开角。当年冬剪时根据树形要求,疏除竞争枝、徒长枝、背上枝、交叉枝,中干适当短截,其余枝尽量轻截或缓放,以增加枝叶量。对结果枝组的培养,应采取先放后缩的方法。进入盛要期后,应注意对枝组及时更新和利用幼龄结果枝组,以保持健旺的树势。大树高接宜采用开心形,改接后的前 2 年轻剪缓放,一般不疏不截,以利于果树快速恢复树冠,实现早期丰产。

⑥西洋梨　幼龄树生长旺盛,枝条直立,但成龄后骨干枝较软,结果后容易下垂,使树形紊乱不紧凑。萌芽率和成枝力都比较强,长枝短截后会抽生 3～5 个长枝,其余多为中枝,短枝较少。枝条需连续缓放 2～3 年才能形成短果枝。以短果枝和短果枝群结果为主,短果枝群寿命长,更新容易,连续结果能力强。

西洋梨适宜树形为主干疏层形,可适当多留主枝。除骨干枝延长头外,其余枝条一律缓放,不短截,等缓出的分枝成花后再回缩,培养成结果枝组。结果后骨干枝头易下垂,可将背上旺枝培养成新的枝头,代替原头。主干一般不换头或落头,主枝更新时要先培养好更新枝,然后再回缩。西洋梨枝组形成的两个途径:一是短果枝结果后抽生短枝,再成长结果,形成短果枝群。二是中庸枝缓放成花,回缩后形成中、小结果枝组。梨树小年时可利用腋花芽结果;短果枝群呈鸡爪状,要不断疏剪,保持短枝叶生长,花芽饱满。西洋梨主枝不稳定,结果期过度开张下垂的枝,要用背上斜生枝替代原主枝,抬高主枝角度,增强生长势。主枝角度过大时,要控制内膛徒长枝。西洋梨枝组宜选在骨干枝两侧,一般不用背上枝组。西洋梨丰产性好,成花容易、坐果率高,但其成年树易衰弱,从而使枝干病害加重,所以栽植时应加强土肥水管理和疏花疏果。梨树大年时,仅用健壮短果枝结果,留单果。

⑦黄金梨 幼龄树生长缓慢,修剪越重,生长量越小,影响树体的生长和早期产量的形成,并延迟进入盛果期。与白梨系统相比,黄金梨树冠小,寿命也短。

黄金梨萌芽率高,成枝力低。黄金梨长枝缓放后,除基部盲节以外,绝大部分的芽都易萌发。芽萌发后,大多形成短枝和短果枝,而中枝或中、长果枝较少;枝条短截后,多发生 2～3 个长枝。黄金梨易成花,结果早,栽后第二年在中、长枝上形成较多的腋花,也有少量的中、短果枝,幼龄树期可充分利用腋花芽的结果习性,增加早期产量;第三年进入初果期,5～6 年树龄的果树进入盛果期。

幼龄树枝条直立性强,易出现上强下弱、外强内弱,以及背上强、背下弱的现象。修剪越重,角度越直立,因此 3 年生以前幼龄树修剪时,宜采用轻剪或缓放延长枝的方法,促进树冠开张,促进树体营养生长向生殖生长转化。同时,修剪时要抑强扶弱,解决好干强主枝弱和主枝强侧枝弱的问题。

黄金梨低龄结果枝坐果率高,个大质优,而 3 年生以上果枝所结果实个小质差,所以修剪时应采取经常更新结果枝的方法,复壮其结果能力。与白梨系统相比,黄金梨中、短枝转化力弱,但由长枝分化为中、短枝的能力较强。中、短枝结果后再经多年抽枝结果,会形成短果枝群。

总之,黄金梨修剪的总原则是强枝重剪,少留枝,延长枝中短截;重疏、少留外围枝,开张外围枝角度,多留果;弱枝应轻剪多留枝,延长枝轻短截或缓放,注意抬高骨干枝角度。

(3)不同类型树的修剪

①放任树　多年放任不剪的梨树大枝多而密生,无主次之分,内膛枝直立、细弱、交叉混乱,光照条件差,结果枝组少且寿命短。对放任树的修剪,应本着"因树制宜、随枝做形、因势利导、多年搞成"的原则进行改造,不要强求树形,大拉大砍,急于求成。一是从现有大枝中选定永久性骨干枝,逐年疏除多余大枝,对可以保留的大枝开张其角度,削弱其长势,以辅养树体并促进结果。二是在保留的骨干枝上选择培养侧枝和各类结果枝组。对生长较旺的1年生枝,选位置好、方位正、有生长空间的,从饱满芽处剪去,留下的背后枝、斜生枝则可选作侧枝或为培养中、大型结果枝组做准备;对另一部分1年生枝甩放不剪,结果后回缩培养中、小型枝组,疏除背上过密的1年生枝或夏季拿枝结果。对小枝进行细致修剪,去弱留强,适当回缩。树冠过高时落头开心,清理外围密挤枝、竞争枝,调整枝条分布范围及从属关系,做到层次分明,通风透光。对过密的短果枝群,疏密留稀,疏弱留强,适量结果。

②大小年树　梨树进入盛果期后,留果过多或肥水供应不足时易出现大小年结果现象。防止和克服大小年结果的措施,一是加强土肥水管理,二是通过修剪调整树势。

大年树的修剪:主要是控制花果数量,留足预备枝。适当疏除短果枝群上过多的花芽,并适当缩剪花量过多的结果枝组。对具有花芽的中、长果枝,可采取打头去花的办法,促使其翌年形成花芽;对长势中庸健壮的中、长营养枝,可以缓放不剪,使其形成花芽在小年时结果;对长势较弱的结果枝组,可采用去弱、疏密、留强的剪法进行复壮,但修剪时应注意选留壮芽和部位较高的带头枝;对过多、过密的辅养枝和大型结果枝组,也可利用大年花多的机会进行适当疏剪。

小年树的修剪:要尽量多留花芽,少留预备枝,以保证小年的产量。同时,缩剪枝组,控制花芽数量。对长势健壮的1年生枝,可促留1~2个饱满芽进行重短截,以促生新枝,同时加强营养生长,以减少大年花量;对枝后部有花、枝前部无花的结果枝组,可在有花的分枝以上部位进行缩剪;对前后都没有花的结果枝组上的分枝,可多短截、少缓放,以减少翌年的花量,使大年结果量不致过多。

③不平衡树 梨树顶端优势明显,若上部枝条长势较强,选用剪口下第一枝带头,其余侧枝不及时进行疏剪,而树冠下部和骨干枝基部不具备顶端优势时,就易使树体长势较弱,但成花较易,从而造成上强下弱。若该树形不及时调整,基部枝条就会因衰弱而枯死。

调整上强下弱的方法是:回缩上部长势强旺的大、中型枝条,减少树冠上部的总量,对保留下来的树冠上部大枝上的1年生枝,可疏除其强旺枝,缓放平斜枝,结果后再根据不同情况分别处理。疏除部分强旺枝,可缓和长势,促其结果。对保留在树冠上部的强旺枝,可适当多留些花果,以削弱其长势。同时,还可通过夏季修剪适当予以控制。

调整树体外强内弱时,可采取抑前促后的方法,即对先端枝头进行回缩,以减少先端枝量。选用长势中庸、生长平斜的侧生枝代替原枝头。对枝头附近的1年生枝缓放不截,后部枝条多留、少疏,或多短截、少缓放,以促生新枝,增加后部枝量。同时,还应注意在枝前端多留花果,后部少留,逐年调整,直至内外长势平衡。

④郁闭园的修剪 良好的树体结构,不仅要控制树高,保持行间距,还要保证叶幕层不能太厚,才可使树体通风透光良好。若对中央领导干上骨干枝以外的大、中型枝控制不当,或对放任主、侧枝的背上枝生长,或枝组过大、过密,会造成树冠郁闭,内膛光照差。

解决办法:一是及时回缩或疏除中央领导干上骨干枝以外的

大、中枝和主、侧枝背上过密的多年生直立大型枝组,以保持一定的叶幕间距。大枝应分批疏除,每年疏除1～2个,采收后疏除大枝是最佳时期。二是及时疏除或回缩冠内交叉、重叠、并生的密挤枝或枝组,压缩过大的枝组。三是在结果期骨干枝背上的1年生直立旺枝和徒长枝,盛果期后,在较有空间的位置,可改变直立旺枝和徒长枝的角度将其培养成枝组;对长势中庸或细弱的1年生枝,可根据空间大小或疏除或缓放后培养成结果枝组。

第五章

花果管理

一、辅助授粉

（一）人工授粉

人工授粉是指通过人为的方式,把授粉品种的花粉传递到主栽品种花的柱头上,其中最有效、最可靠的方法是人工点授。人工授粉不但可以提高坐果率,而且可使果实发育良好,果个大而整齐,从而提高果实产量与品质。因此,即使在有足够授粉树的情况下,也要大力推行人工授粉,目前人工授粉已成为梨产区必备的栽培技术之一。

1. 采花 在主栽品种开花前 2~3 天,选择适宜的授粉品种,采集含苞待放的铃铛花。此时花药已经成熟,发芽率高,花瓣尚未张开,操作方便,出粉量大。采集的花朵放在干净的小篮中,也可用布兜盛装,带回室内取粉。花朵要随采随用,勿久放,以防止花药僵干,花粉失去活力。另外,采花时注意不要影响授粉树的产量,可按照疏花的要求进行采摘。

采集花朵时要根据授粉面积和授粉品种的花朵出粉率来确定适宜的采花量。梨树不同品种的花朵出粉率有很大差别。山东昌潍农校研究测定了 19 个梨品种的鲜花出粉率,其中以雪花梨出粉量最大,每 100 朵鲜花可出干花粉 0.845 克(带干的花药壳,下同);晚三吉最低,100 朵鲜花仅出干花粉 0.36 克,尚不足雪花梨的一半。按出粉量的多少进行排列,出粉多的品种有雪花梨、黄县长把梨、博山池梨、金花梨和明月梨等;出粉量少的品种有巴梨、黄花梨、晚三吉梨和伏茄梨等;杭青梨、栖霞大香水梨、博多青、砀山酥梨、槎子梨、香花梨、锦丰梨、早酥梨、苍溪梨和鸭梨等出粉量居中。

总之,白梨系统的品种花朵出粉率较高,新疆梨、秋子梨和杂种梨品种花朵出粉率较低,而沙梨系统的品种居中。

2. 取粉 鲜花采回后立即取花药。在桌面上铺一张光滑的纸,两手各拿一朵花,花心相对,轻轻揉搓,使花药脱落在纸上,然后去除花瓣和花丝等杂物,准备取粉。也可利用打花机将花擦碎,再筛出花药,一般每千克鲜梨花可采鲜花药 130～150 克,干燥后可产带花药壳的干花粉 30～40 克。生产经验表明,15 克带花药壳的干花粉(或 5 克纯花粉)可供 3 000 千克梨果的花朵授粉。取粉方法有以下 3 种。

(1)阴干取粉 也叫晾粉。将鲜花药均匀地摊在光滑干净的纸上,在通风良好、室温 20℃～25℃、空气相对湿度 50%～70% 的房间内阴干,避免阳光直射。每天翻动 2～3 次,一般经过 1～2 天花药即可自行开裂,散出黄色的花粉。

(2)火炕增温取粉 在火炕上面铺上厚纸板等,然后放上光滑洁净的纸,将花药均匀地摊在上面,并放上一只温度计,保持炕表温度在 20℃～25℃,一般 24 小时左右即可散粉。

(3)温箱取粉 找一个纸箱或木箱,在箱底铺一张光洁的纸,摊上花粉,放上温度计,上方悬挂一个 60～100 瓦的灯泡,调整灯泡高度,使箱底温度保持在 20℃～25℃,一般经 24 小时左右即可散出花粉。

干燥好的花粉连同花药壳一起收集在干燥的玻璃瓶中,放在阴凉干燥处备用。当取粉量很大时,也可以筛去花药壳,只留花粉,以便保存。干花粉应保存在干燥容器内,并置于2℃～8℃的低温黑暗环境中。

　　3. 授粉　梨花开放当天授粉坐果率最高,因此,要在梨树有25%的花开放时抓紧时间授粉。试验证明,雌蕊的八核胚囊于花果开放时才成熟,开放6～7小时后柱头出现黏液,并可保持30小时左右,从而看出,开花当天或次日授粉效果最好,花朵坐果率在80%～90%;花后4～5天授粉,坐果率为30%～50%;而花后6天再授粉,坐果率不足15%。授粉要在上午9时至下午4时之间进行,上午9时之前露水未干,不宜授粉。据研究,授粉后的2小时,部分花粉管会进入花柱,此后降雨不影响授粉效果;但在授粉2小时内降雨,不仅会流失部分花(20%～50%),还会使花粉粒破裂,丧失发芽力,必须重新授粉。同时,授粉要注意分期进行,一般整个花期授粉2～3次效果比较好。授粉方法有以下3种。

　　(1)点授　用旧报纸卷成铅笔粗细的硬纸棒,一端磨细成削好的铅笔样,用来蘸取花粉;也可以用毛笔或橡皮头蘸取花粉。提前将花粉装在干燥洁净的玻璃小瓶内,授粉时将蘸有花粉的纸棒向初开的花心轻轻一点即可。一次蘸粉可以点授3～5朵花。一般每花序授1～2朵边花,优选粗壮的短果枝花授粉。剩余的花粉如果结块,可带回室内晾干散开后再用。人工点授可以使坐果率达到90%以上,并且果实大小均匀,品质好。

　　(2)花粉袋撒粉　将花粉与50倍的滑石粉或者地瓜面混合均匀,装在两层纱布做成的袋中,绑在长杆上,在树冠上方轻轻振动,使花粉均匀落下。

　　(3)液体授粉　将花粉过筛,筛去花药壳等杂物,然后按每升水加花粉2～2.5克、糖50克、硼砂1克、尿素3克的比例配制成花粉悬浮液,用超低量喷雾器对花心喷雾。注意:花粉悬浮液要随配随用,并在 1～2 小时喷完。喷雾授粉的坐果率可达到 60％以上,如果与 0.002％赤霉素混合喷雾则效果更好,喷布时期以全树有 50％～60％花朵刚开花时为宜,结果大树每株喷 150～250克即可。

授粉时要注意,为保持花粉良好的生活力,制粉过程中要防止高温伤害,避免阳光直射,干花粉要放在阴凉干燥处保存。天气不良时,要突击点授,加大授粉量和授粉次数,以提高授粉效果。

(二)昆虫传粉

梨园花期昆虫传粉主要是蜜蜂和壁蜂,可以大大提高授粉功效,同时可以避免人工授粉对时间掌握不准、对树梢及内膛操作不便等弊端,是一种省时、省力、经济、高效的授粉方法。

1. 蜜蜂传粉 果园放蜂时,要在开花前 2～3 天将蜂箱放入果园,使蜜蜂熟悉果园环境。一般每箱蜂可以满足 1 公顷果园授粉。蜂箱要放在果园中心地带,使蜂群均匀地散飞在果园中。果园放蜜蜂时,要注意花前及花期不要喷用农药,以免引起蜜蜂中毒,造成损失。

2. 壁蜂传粉 花期壁蜂授粉,其授粉能力是普通蜜蜂的 70～80 倍,每公顷果园仅需 900～1 200 头即可满足需要。角额壁蜂可显著改善果树授粉受精的条件,从而大幅度提高果树坐果率,可提高果实产量和品质。

角额壁蜂的放养方法:将内径 5～7 毫米的芦苇用壁纸刀削成一端留茎节的 16～17 厘米的巢管,或用硬纸质的报纸卷成纸筒,巢管或纸筒的一头用纸包住、堵死,另一头开口端用广告色按 1∶3∶3∶3 的比例染成红、绿、黄、白 4 种颜色,然后每 50 支扎成 1 捆,放入 30 厘米×15 厘米×20 厘米的砖体蜂巢或纸箱内,每箱放 7 捆。蜂巢或纸箱距地表 30 厘米,箱口朝向西南方向,箱上搭防雨棚。果园内每隔 40 米建一蜂巢或纸箱。箱的支架上每隔 1

天刷 1 遍废机油,以防蚂蚁等爬到箱上。为便于壁蜂筑巢用泥,可在箱前 2～3 米处人工造 1 穴,为减少水分渗漏,在穴四周铺一层塑料布,上面放湿泥,每晚加 1 次水。在鸭梨花开前 3～4 天(4月 2～3 日),从冰箱内取出蜂茧放入纸箱内,每箱放蜂茧 350 个,5 月 10 日左右取回巢管,用纱布包起吊在通风清洁的房间内贮存。为保证壁蜂活动期与梨花期一致,在 12 月底将蜂茧从巢管中取出,放入罐头瓶中,再置于冰箱冷藏室内备用。

(三)提高坐果率

梨树适宜的坐果数量是梨树获得丰产稳产的首要条件。坐果率的高低与树体长势、花期授粉情况以及环境条件有密切的关系。不同的果园、不同的年份,引起落花落果的原因不同,必须具体分析,针对主要原因采取相应的措施。

1. 加强梨园综合管理水平 提高树体储备营养水平,改善花器官的发育状况,调节花、果与新梢生长的关系,是提高坐果率的根本途径。梨树花量大,花期集中,萌芽、展叶、开花、坐果需要消耗大量的贮备营养。因此,生产中应重视后期管理,早施基肥;保护叶片,延长叶片功能;改善树体光照条件,促进光合作用,从而提高树体储备营养水平。同时,通过修剪去除密挤、细弱枝条,控制花芽数量,集中营养,保证供应,以满足果实生长发育及花芽分化的需要。

2. 及时灌水 萌芽前及时灌水,并追施速效氮肥,补充前期对氮素的消耗。

3. 合理配置授粉树 建园时,授粉品种与主栽品种比例一般为 1:4～5;而成年果园授粉树数量不足时,可以采用高接换头的方法改换授粉品种;花期采用人工授粉、果园放蜂等措施,均可显著提高坐果率。

4. 花期喷布微肥或激素 30％左右的梨花开放时,喷布

0.3%硼砂溶液,可有效地促进花粉粒的萌发;喷1%～2%糖水,可引诱蜜蜂等昆虫,提高授粉效率;喷布0.3%尿素,可以提高树体的光合效能,增加养分供应。另外,据莱阳农学院试验,花期喷布0.002%赤霉素或100～200倍食醋,对提高茌梨坐果率有较好的效果。

二、合理疏花疏果

合理疏花疏果,可以节省大量养分,使树体负载合理,维持健壮树势,提高果品质量,防止大小年结果,保证丰产稳产。

(一)疏　芽

修剪时,疏除部分花芽,调整结果枝与营养枝的比例至1∶3.5左右,每个果实占有15～20个叶片比较适宜。

(二)疏　花

疏花时间要尽量提前,一般在花序分离期即开始进行,至开花前完成。按照确定的负载量选留花序,多余花序全部疏除。疏花时要先上后下、先内后外,先去掉弱枝花、腋花及梢头花,多留短枝花。待开花时,再按每花序保留2～3朵发育良好的边花,疏除其他花朵。经常遭受晚霜危害的地区,要在晚霜过后再疏花。

(三)疏　果

疏果也是越早越好,一般在花后10天开始,20天内完成。一般品种每个花序保留1个果,花少的年份或旺树、旺枝可以适当留双果,疏除多余幼果。树势过弱时适当早疏少留,过旺树适当晚疏多留。

如果前期疏花疏果时留果量过大,到后期明显看出果枝负载过重时,要进行后期疏果。后期疏果虽然比早疏果效果差,但相对不疏果来说,不但不会降低产量,相反能够提高产量与品质,增加效益。另外,留果量是否合适,要看采收时果实的平均单果重与本品种应有的标准单果重是否一致。如果二者接近,说明留果量比较适宜;如果平均单果重明显小于标准单果重,则表明留果量偏大,翌年要适当减少;相反,翌年要加大留果量。

（四）合理负载

留果量要适宜,既要保证当年产量,又不能影响翌年的花量;既要充分发挥生产潜力,又能使树体有一定的营养储备。因此,留花留果的标准应根据品种、树龄、管理水平及品质要求来确定。一般有以下几种方法。

1. 根据干截面积确定留花留果量　树体的负载能力与其树干粗度密切相关。树干越粗表明地上、地下物质交换量越多,可承担的产量也越高。山东农业大学研究表明,梨树每平方厘米干截面积负担 4 个梨果,不仅能够实现丰产稳产,并能够保持树体健壮。按干截面积确定梨树的适宜留花、留果量的公式为:

$$Y = 4 \times 0.08C^2 \times A$$

式中:Y 指单株合理留花、果数量(个);C 指树干距地面 20 厘米处的干周(厘米);A 为保险系数,以花定果时该数值取 1.2,即多保留 20% 的花量,疏果时取 1.05,即多保留 5% 的幼果。

使用时,只要量出距地面 20 厘米处的干周,代入公式即可计算出该单株适宜的留花、留果个数。如某株梨树干周为 40 厘米,其合理的留花量 $= 4 \times 0.08 \times 40^2 \times 1.2 = 614.4 \approx 614$(个),合理留果量 $= 4 \times 0.08 \times 40^2 \times 1.05 = 537.6 \approx 538$(个)。

2. 依主枝截面积确定留花留果量　依主干截面积确定留花留果量,在幼龄树上容易做到。但在成年大树上,总负载量如何在各主枝上均衡分配难以掌握。为此,可以根据大枝或结果枝组的枝轴粗度确定负载量。计算公式与上述相同。

3. 间距法疏花疏果 按果实之间彼此间隔的距离大小确定留花留果量,也是一种经验方法,应用比较方便。一般中型果品种如鸭梨、香水梨和黄县长把梨等品种的留果间距为 20～25 厘米,大型果品种间距应适当加大,小型果品种可略小。

三、果实套袋

（一）套袋效果

梨果实套袋能够显著提高果实外观质量,预防或防止大量病虫的危害;降低果实农药残留量,生产绿色果品,提高梨果商品价值,从而增加果农收入,产生巨大经济效益、社会效益和生态效益。这一技术的推广应用,已经成为当前高档梨果生产中的一项重要措施之一。梨果套袋主要有以下几个方面的作用效果。

1. 果面光洁、果实美观 果实在袋内微域环境生长发育,大大减少了叶绿素的生成,改变了果面颜色,增加了美感,提高了商品价值。青皮梨如我国的大部分梨品种、日本的二十世纪梨、新世纪等套袋果呈现浅黄色或浅黄绿色,贮后金黄色,色泽淡雅;褐皮梨如丰水、幸水、新高等可由黑褐色转为浅褐色或红褐色;红皮梨如红香酥、八月红及红色西洋梨等则呈现鲜红色。

梨幼果期套上纸袋后,果实长期被保护在袋内生长,避免了风、雨、强光、农药、灰尘等对果面的刺激,减少了果面枝叶摩斑、煤污斑、药斑,因此套袋果的果面光滑洁净。套袋后延缓和抑制了果点、锈斑的形成,果点小、少、浅,基本无锈斑生成;同时,蜡质层分布均匀,果皮细腻有光泽。对于外观品质差,果点大而密的茌梨品种群、锦丰梨效果尤为明显。

梨果套袋栽培是一项高度集约化、规范化的生产技术,套袋前必须保证授粉受精良好,严格疏花疏果,合理负载,疏除梢头果、残次果及多余幼果,按负载量留好果套袋。管理水平高的梨园,套袋果基本都能长成完美无缺的商品果,下脚果极少。此外,套袋后可防轻微雹伤,有利于分期、分批采收,在延迟采收的情况下还可防止鸟类、大金龟子、大蜂等危害果实。

2. 减少果实的病虫害,降低农药残留量 梨果实套袋起初的目的是为了防止药剂不易防治的果实病虫害。生产实践表明,果实套袋可有效地防治或避免梨黑斑病、黑星病、轮纹病、炭疽病等果实病害的发生,以及梨食心虫类、蛀果蛾、吸果夜蛾、梨虎、椿象等果实虫害,防虫果实袋还具有防治梨黄粉虫、康氏粉蚧等入袋害虫的作用。因此,果实套袋可减少打药次数2~4次,降低病虫果率,并且能大大提高商品果率。

套袋果实不直接接触农药,加之打药次数的减少,因此果实的农药残留量降低,基本能达到生产无公害果品的要求。据测定,不套袋果的农药残留量可达 0.23 毫克/千克,而套袋果仅为 0.045 毫克/千克。

3. 提高果实耐贮性 果皮结构对果实贮藏性能有重要影响。果实散失水分主要通过皮孔和角质层裂缝,而角质层则是气体交换的主要通道。角质层过厚则果实气体交换不良,果实会因内部二氧化碳、乙醛、乙醇等积累而发生褐变;过薄则果实代谢旺盛,抗病性下降。张华云等认为,具封闭型皮孔的梨品种贮藏过程中失重率较低,而具开放型皮孔的梨失重率较高,且失重率与皮孔覆盖值呈极显著正相关,过厚的角质层和过小的胞间隙率,可能是莱阳茌梨和鸭梨果心易褐变的内在因素之一。果实套袋后皮孔覆盖值降低,角质层分布均匀一致,果实不易失水、褐变,果实硬度增加,淀粉比率高,贮藏过程中呼吸后熟缓慢,同时套袋减少了病虫侵染,贮藏病害也相应减少,显著提高了果实的贮藏性能。

果实套袋后避免了病、虫侵入果实,也避免了果实表面的病菌、虫卵,大大减轻了轮纹病、黑星病、黑斑病等贮藏期病害的发生。梨果可带袋采收,这样就减少了机械伤,同时果面洁净,带入箱内、库内的杂菌数量也相应减少,这也是贮藏期病害少的原因之一。有试验表明,套袋鸭梨果实在入库后急剧降温的情况下,前期黑心病的发病概率明显低于不套袋果。另外,套袋果失水少,不皱皮,淀粉比率高,呼吸后熟缓慢,因此是气调冷藏的首选果实。

4. 预防鸟害和冰雹伤害 套袋梨果可避免果实造成意外的伤害。如可减轻冰雹伤害,可预防由于违规操作喷洒农药而造成的药害,有利于果实的分期分批采收;在延迟采收的情况下还可防止鸟类、大金龟子、大蜂等危害果实,减轻日灼病的危害。

(二)梨果套袋机制

梨套袋果果面光洁,果点变小,颜色变浅,锈斑几乎不发生。另外,套袋对果皮颜色也有显著影响。果皮中叶绿素的合成必须有光照条件,套袋遮光后叶绿素合成大大减少,果实呈现浅黄绿色。对于红皮梨品种而言,叶绿素的减少改变了红色色素的显色背景,有利于红色的显现,套袋果显得更鲜艳美观。另外,袋内小环境的改善,使套袋果果皮发育均匀和缓,果皮结构均匀一致,无大的裂隙,气孔完好,贮藏过程中失水减少,也有利于果实代谢过程中产生的有害气体的及时排出,增强了果实的耐贮性能。套袋后袋内环境与外界环境相比最明显的是光线变弱,因此果袋的透光率和透光光谱对果实品质影响最大,是关系纸袋质量的最重要指标。纸袋的遮光性越强,套袋果果皮色泽越浅,果点和锈斑越浅、小、少,即套袋效果越显著(表5-1)。

表 5-1　原纸色调及透光率对鸭梨果色和果点的影响　（刘晓海，1998）

原纸色调	透光率（%）	果面颜色		果点	
		采后	采后 30 天	深浅	分值*
黑	1～2	白	白	细小	10
报纸	10～20	黄白	浅黄白	较浅	8
红	10～12	黄白	浅黄白	较浅	7
黄褐（B 型）	20～25	黄绿	浅黄	较浅	7
黄（A 型）	35～40	浅绿	鲜黄	浅	5
白	80～90	绿	黄	较深	4
无袋	100	绿	深黄	粗深	1

注：* 分值即果点深浅程度，按 10 分法评分，果点最浅者为 10 分。

　　套袋会对梨果碳水化合物的积累产生不利的影响，根据纸袋的质量不同，可溶性固形物含量一般下降 0.5%～1%。其下降的原因可能与多种因素有关，例如，与果皮本身的光合作用有关；套袋后果实所受逆境减弱，果实积累糖分下降；套袋可能抑制了光合产物向果实内的运输。

（三）果实袋的构造

　　梨果实袋由袋口、袋切口、捆扎丝、丝口、袋体、袋底、通气放水口等七部分构成。袋切口位于袋口单面中间部位，宽 4 厘米，深 1 厘米，便于撑开纸袋，可由此处套入果柄，便于套袋操作，使果实位于袋体中央部位。捆扎丝为长 2.5～3 厘米的 20 号细铁丝，用来捆扎袋口，能大大提高套袋效率。捆扎丝有横丝和竖丝两种，大部分梨袋为竖丝。通气放水口的大小一般为 0.5～1 厘米，它的作用是使袋内空气与外界连通，以避免袋内空气温度过高和湿度过大，对果实尤其是幼果的生长发育造成不利影响。另外,若袋口捆扎不严而雨水或药水进入袋内,可以由通气放水口流出。如果袋内温度高、湿度大,没有通气孔,果实下半部会浸泡在雨水或药水中,非但不能达到套袋改善果实外观品质的效果,而且还会加重果点与锈斑的发生,影响果面蜡质的生成,甚至导致果皮开裂、果肉腐烂。

(四)果实袋的标准

纸质是决定果袋质量的最重要因素之一,商品纸袋的用纸应为全木浆纸,而不是草浆纸,因为木浆纸机械强度比草浆纸大得多,经风吹、日晒、雨淋后不发脆、不变形、不破损。套袋对果实质量影响最大的是果袋的透光光谱和透光率,由纸袋用纸的颜色和层数决定。另外,纸袋用纸还影响袋内温、湿度状况,用纸透隙度好、外表面颜色浅、反射光较多的果袋袋内湿度小,温度不致过高或升温过快,从而减少对前期果实生长和发育的不良影响。为有效增强果袋的抗雨水能力和减小袋内湿度,外袋和内袋均需用石蜡或防水胶处理。

商品袋是具有一定耐候性、透隙度和干湿强度,一定的透光光谱、透光率和特定涂药配方的定型产品,具有遮光、防水、透气作用,袋内湿度不致过高,温度较为稳定,且具有防虫、杀菌作用。果实在袋内生长,能受到保护,可避光、透气、防水、防虫、防病,大大提高果实的商品价值。

(五)果实袋的种类

梨果套袋技术发展到今天,袋的种类已很多,日本开发出了针对不同地区、不同品种的各种果实袋。按照果实袋的层数可分为单层和双层两种。单层袋只有一层原纸,重量轻,可有效防止风刮断果柄,透光性相对较强,一般用于果皮颜色较浅、果点稀少且浅、不需着色的品种。双层纸袋有两层原纸,分内袋和外袋,遮光性能相对较强,用于果皮颜色较深及红皮梨品种,防病的效果好于单层袋。按照果袋的大小有大袋和小袋之分。大袋规格为宽 140~170 毫米,长 170~200 毫米,果实套袋一直到采收;小袋也称"防锈袋",规格一般为 60 毫米×90 毫米或 90 毫米×120 毫米,套袋时期比大袋早,坐果后即可进行套袋,可有效防止果点和锈斑的发生,当幼果体积增大、小袋容不下时即行解除(带捆扎丝小袋),而带浆糊的小袋不必除袋,它会随果实膨大自行撑破纸袋而脱落。小袋在绝大多数情况下用防水胶黏合,套袋效率高,但也有用捆扎丝的。生产中也有小袋与大袋结合用的,即先套 1 次小袋,然后再套大袋至果实采收(表 5-2)。

表 5-2　双层袋的不同内袋对果实品质的影响　(于绍夫等,2002)

果实性状	内袋为石蜡纸	内袋为非石蜡纸
大　小	大	小
肉　质	软	硬
果　汁	多	少
含糖量	少	多
果　皮	薄而软	厚而硬
果　斑	少	多
光　泽	多	少

日本研制的梨果实袋主要有:①二十世纪袋。双层袋,外层为 40~45 克打蜡条纹牛皮纸,内层为白色打蜡小绵纸,规格为 165 毫米×143 毫米,防虫、防菌。②赤梨袋。双层袋,外层为 40~45 克打蜡条纹牛皮纸,内层为淡黄色打蜡小绵纸,规格为 165 毫米×143 毫米,防虫、防菌。③洋梨袋。双层袋,外层为纯白离水加工纸,内层为透明蜡纸,规格有 142 毫米×172 毫米和 165 毫米×

195 毫米两种,防虫、防菌。④单层袋。45 克打蜡条纹牛皮纸,规格为 165 毫米×143 毫米,防虫、防菌。

日本 JA 全农生产的用作绿皮梨品种套袋用的小袋和大袋的种类、规格和特性可见表 5-3。

表 5-3　绿皮梨品种套袋用的小袋和大袋种类　(于绍夫等,2002)

种类	名称	特性	规格(毫米)
小袋	拨水 01-S. M	白色石蜡袋,含防治黑斑病药剂	小 71×64
	拨水 HC01-S	红棕色石蜡袋	中 81×70
	K01-S	白色石蜡袋	大 100×90
大袋	拨水 H55-L. M	外层为透明石蜡袋,内层为浅黄褐色纸袋,含防治黑斑病药剂	
	55-L. M	同上,但不含防治黑斑病药剂	中 165×143
	H65-L. M	外层为黄褐色纸袋,内层为透明石蜡袋,含防治黑斑病药剂	
	K65-L. M	同上,但不含防治黑斑病药剂	大 175×150
	65-L. M	同上,但不含防治黑斑病药剂	
	75-L. M	同上	

(六)果袋应用中存在的问题

我国对梨果实袋的研制与开发应用仅处于起步阶段,与日本相比有相当大的差距。河北省农林科学院石家庄果树研究所研制出针对我国主要入袋害虫(梨黄粉虫、康氏粉蚧等)的 A 型和 B 型防虫袋,并总结出 6 个不同配方,取得了良好的经济效益和社会效益。其中,A 型袋为黄色半透明,适用于果点较浅、果皮易变褐、采后易变色的品种。套袋果摘袋时呈浅绿色,贮后呈鲜黄色。B 型袋为黄褐色,适用于果点较大而深、果皮不易变褐或着红色的品种,如茌梨、锦丰梨、砂梨、赤梨等。青皮梨摘袋时呈浅绿黄色,赤梨呈黄褐色或红褐色,套袋果宜采后即销。

除商品袋外,受经济利益的驱动,市场还出现了许多个体自制的纸袋和无证经营的厂家生产的仿制袋。这些生产商无技术、资金和设备保证,生产的纸袋纸质低劣,往往不经过涂药、打蜡处理,使用过程中果袋易硬化、破损,出现日灼、着色不均、果面粗糙等问题,但因价格便宜,一些果农受此吸引大量购买使用,反而给果农造成了不应有的损失。

自制报纸袋可用纸质较好的旧报纸,用缝纫机缝制成规格为140毫米×180毫米的纸袋。为防止因雨水或药剂冲刷而破损,报纸袋须用石蜡处理。自制的报纸袋对改善梨果实外观品质有较好的效果,但不具有防虫、杀菌功效,极易诱发大量的入袋害虫,给病虫害的防治工作带来很大困难。因此,套袋梨园不宜连续使用自制报纸袋,如果套用报纸袋则应加强对梨园入袋害虫的防治工作。

另外,生产中还有硫酸纸袋、微膜袋、不同颜色的塑料袋等,这些果袋应用不多,且多出现问题,果农应慎用。

(七)套袋前的果园管理

早春梨树发芽前后是病虫害开始蔓延的时期,加上梨园套袋会给喷药工作带来诸多不便,因此套袋前的病虫害防治等管理工作是关键。此期重点要加强对梨木虱、梨蚜、红蜘蛛等的防治。

1. 加强栽培管理 果园进行合理的土肥水管理,养成丰产、稳产、中庸健壮树势,增强树体抗病性。合理整形修剪可使梨园通风透光良好,正确疏花疏果、合理负载是套袋梨园的工作基础。

2. 喷药 为避免把危害果实的病虫害,如轮纹病、黑星病、黄粉虫、康氏粉蚧套入袋内增加防治的难度,套袋前必须严格喷1遍杀虫、杀菌剂,这对于套袋后的果实病虫害防治十分关键。

用药种类主要针对的是危害果实的病虫害,同时注意选用不易产生药害的高效杀虫、杀菌剂。忌用油剂、乳剂和标有"F"的复合剂农药,慎用或不用波尔多液、无机硫剂、三唑福美类、硫酸锌、尿素及黄腐酸盐类等对果皮刺激性较强的农药及化肥。高效杀菌剂可选用50%甲基硫菌灵可湿性粉剂800倍液、70%甲基硫菌灵可湿性粉剂800倍液、1.5%多抗霉素水剂400倍液、70%代森锰锌可湿性粉剂800倍液等药剂。杀虫剂可选用菊酯类农药、敌敌畏、乐果等,黄粉虫和康氏粉蚧较为严重的梨园宜选用两种以上杀虫剂,乐果和敌敌畏乳剂对黄粉虫、康氏粉蚧均有较好的杀灭作用。为减少打药次数和梨园用工,杀虫剂和杀菌剂宜混合喷施,如12.5%烯唑醇可湿性粉剂2 500倍液+25%溴氰菊酯乳油3 000倍液。

套袋前喷药时应重点喷洒果面,但喷头不要离果面太近,否则药液压力过大易造成果面锈斑或发生药害,药液宜喷成细雾状均匀散布在果实上,喷至水洗状。待果面药液干燥后即可进行套袋,严禁药液未干即进行套袋,否则会产生药害。喷1次药可套袋2~3天,2~3天后效果大减,因此可边喷药边套袋。

(八)果实袋的选择

目前,生产中纸袋种类繁多,梨品种资源丰富,各个栽培区气候条件千差万别,栽培技术水平各异,因此纸袋种类选择的好坏直接影响到套袋的效果和套袋后的经济效益。纸袋应根据不同品种、不同气候条件、不同套袋目的及经济条件等选择适宜的种类。一个新袋种的出现应该先做局部试验,确定没有问题后再推广应用。

对于外观不甚美观的褐皮梨而言,套袋显得尤其重要。除皮色外,梨各栽培品种果点和锈斑的发生也不一样,如往梨品种群果点大而密,颜色深,果面粗糙,西洋梨则果点小而稀,颜色浅,果面较为光滑。因此,以鸭梨为代表的不需着色的绿色品种以单层袋为宜,如石家庄果树研究所研制的 A 型和 B 型梨防虫单层袋应用于鸭梨效果较好。但在不同品种和地区应用前应先试用再推广,如雪花梨在夏季高温多雨、果园湿度大的地区套袋易生水锈,茌梨和日本梨的某些品种也易发生水锈。对于果点大而密的茌梨、锦丰梨宜选用遮光性强的纸袋。对日本梨品种而言,新水、丰水梨宜用涂布石蜡的牛皮纸单层袋,幸水宜用内层为绿色、外层为外白里黑的纸袋,新兴、新高、晚三吉等宜用内层为红色的双层袋。对于易感轮纹病的西洋梨宜选用双层袋,可比单层袋更好地起到防治轮纹病的效果。需要着色的西洋梨及其他红皮梨应选用内袋为红色的双层袋,而不需着色的西洋梨选用内袋为透明的蜡纸袋,可适度减少叶绿素的形成,后熟后形成鲜亮的黄色。

　　黄冠梨果实套袋后外观品质均得到改善(表 5-4),商品果率增加,但套袋对果实内在品质的负面影响也不容忽视。比较发现,纸袋双层纸袋(小林 1-W)和双层纸袋(小林 1-LP)套袋果不但外观品质好,而且可溶性固形物含量下降幅度小,双层纸袋(小林 1-KK)套袋果虽然外观品质好,但可溶性固形物含量较低。因此,生产中适宜黄冠梨套袋的纸袋为双层纸袋(小林 1-W)。

表 5-4　不同纸袋对黄冠梨果实品质的影响

纸袋	单果重(克)	果形指数	果点色泽(级)	果色级数	可溶性固形物(%)	硬度(千克/厘米^2)	可滴定酸(%)	外　观
1-1	295.9	0.9	1	2	14.5	2.5	0.138	果皮较光滑,个别较粗糙、淡黄或黄绿色,果点小
1-2	266.7	0.9	1	2	12.9	2.0	0.144	果皮较光滑,个别较粗糙、淡黄或黄绿色,果点小

续表 5-4

纸袋	单果重（克）	果形指数	果点色泽（级）	果色级数	可溶性固形物（%）	硬度（千克/厘米²）	可滴定酸（%）	外　观
1-3	278.8	0.9	1	1	13.2	1.9	0.137	果皮较光滑,淡黄色,果点小
1-4	275.5	0.9	1	2	14.0	2.3	0.142	果皮较光滑,个别较粗糙,淡黄色或绿色,果点小
2-1	305.1	0.9	2	2	14.0	2.0	0.142	果皮较光滑,个别粗糙,淡黄色或黄绿色,果点小
2-2	307.6	0.9	4	4	13.0	2.0	0.136	果皮较粗糙,黄绿色,果点大
CK	282.6	1.0	4	4	13.4	2.5	0.141	果皮较粗糙,黄绿色,果点大

丰水梨套袋试验表明(表 5-5),纸袋种类间差别较大,以内袋黑色、外袋浅黄褐色的双层袋,或内面黑色、外面灰色、纸质厚的单层袋效果最好。

表 5-5　丰水梨不同种类纸袋套袋效果　(王少敏,2000)

纸袋	单果重（克）	果形指数	可溶性固形物（%）	硬度（磅/厘米²）	果点色泽（级）	果色级数（级）	外　观
1-1	274abA	0.909aA	11.22bABC	7.90aA	0	0	果皮较光滑,淡黄色,果点小,淡黄色

续表 5-5

纸袋	单果重（克）	果形指数	可溶性固形物（%）	硬度（磅/厘米²）	果点色泽（级）	果色级数（级）	外　观
1-2	294abA	0.916aA	11.08bcABC	5.86cCD	1	1	果皮较光滑,淡绿黄色,果点较大,淡黄色
1-3	296aA	0.916aA	10.51cdBCD	6.16bcC	2	2	果皮粗糙,淡黄绿色,果点大,浅黄褐色
1-4	262abA	0.928aA	9.72efDE	6.61bBC	2	2	果皮粗糙,淡青褐色,果点大,浅黄褐色
1-5	268abA	0.911aA	9.20fE	7.44aAB	0	0	果皮较光滑,淡黄色,果点小,浅黄色
2-1	284abA	0.907aA	11.36abAB	7.37aAB	0	0	果皮较光滑,淡黄色,果点较小,浅黄色
2-2	254abA	0.911aA	10.28deCD	5.85cCD	2	2	果皮较粗糙,淡绿黄色,不均匀,果点大,浅褐色
CK	249bA	0.927aA	11.94aA	4.97dD	4	4	果皮粗糙,青褐色,果点大而多,黄褐色

（九）套袋时期

梨果皮的颜色和粗细与果点和锈斑的发育密切相关。果点主要是由幼果期的气孔发育而来的,幼果茸毛脱落部位也会形成果点。梨幼果跟叶片一样存在着气孔,能随环境条件(内部的和外部的)的变化而开闭。随幼果的发育,气孔的保卫细胞破裂形成孔洞,与此同时,孔洞内的细胞迅速分裂形成大量薄壁细胞填充孔洞,填充细胞逐渐木栓化并突出果面,即形成外观上可见的果点。气孔皮孔化的时间一般从花后 $10 \sim 15$ 天开始,最长可达 $80 \sim 100$ 天,以花后 $10 \sim 15$ 天后的幼果期最为集中。因此,要想抑制果点形成而获得外观美丽的果实,套袋时期就应早一些,一般套袋从落花后 $10 \sim 20$ 天开始,10 天左右套完。如果落花后 $25 \sim 30$ 天才套袋保护果实,此时气孔大部分已木栓化变褐,形成果点,从而达不到套袋的预期效果。但如果套袋过早,那么纸袋的遮光性过强,则幼果角质层、表皮层发育不良,果实光泽度降低,果个变小,果实发育后期如果果个增长过快就会造成表皮龟裂,果面形成变褐木栓层(表 5-6)。

表 5-6　梨不同品种果实斑点发展过程　(于绍夫等,2002)

调查日期 (日/月)	绿皮梨品种	褐皮梨品种	中间色品种
1/5	不形成斑点	不形成斑点	不形成斑点
10/5	不形成斑点	果点多数斑点化	果点少数斑点化
23/5	果点稍微斑点化	$90\% \sim 100\%$ 斑点化	30% 斑点化
2/6	$10\% \sim 30\%$ 果点斑点化	果点间斑点化增多	$50\% \sim 90\%$ 斑点化
17/6	大部分果点斑点化	果点间 80% 斑点化	果点间部分斑点化
27/6	大部分果点斑点化	果点间全部斑点化	果点间 50% 斑点化

梨的不同品种套袋时期也有差异。果点大而密、颜色深的锦丰梨、茌梨落花后 1 周即可进行套袋,落花后 15 天套完。为有效防止果实轮纹病的发生,西洋梨的套袋也应尽早进行,一般从落

花后 10～15 天即可进行套袋。京白梨、南果梨、库尔勒香梨、早酥梨等果点小、颜色淡的品种套袋时期可晚一些。

根据在不同时期对黄金梨果实进行套小袋处理,研究了套小袋对黄金梨果实外在和内在品质的影响。结果表明,套小袋可以明显提高黄金梨果实的外观品质,对内在品质的影响也较小,在花后 20 天进行套小袋是最佳时期(表 5-7、表 5-8)。

表 5-7　不同时期套小袋对黄金梨外观品质的影响

处理时间/天	果皮颜色 及光洁度	果点颜色	果点密度 (个数/厘米^2)	果点直径 (毫米)
5-10	乳黄色,光洁,少量果锈	色　淡	10.33a	0.64c
5-15	金黄色,光洁,少量果锈	色　淡	11.33a	0.73b
5-20	金黄色,光洁,较多果锈	色　深	11.67a	0.73b
CK	金黄色,粗糙,较多果锈	色　深	12.33a	0.89a

表 5-8　不同时期套小袋对黄金梨内在品质的影响

处理时间/天	平均单果重 (克)	硬度 ($\times 10^5$ 帕/厘米^2)	可溶性固形物 (%)	可溶性总糖 (%)
5-10	330.22a	2.95a	11.27a	6.81a
5-15	326.96a	2.93a	11.39a	7.87ab
5-20	323.42a	2.84a	11.41a	8.48c
CK	343.08a	2.94a	11.50a	9.36d

果面锈斑的发生是由于外部不良环境条件刺激造成的表皮细胞老化坏死,或内部生理原因造成的表皮与果肉不一致增大而导致的表皮破损。表皮下的薄壁细胞经过细胞壁加厚和木栓化后,在角质、蜡质及表皮层破裂处露出果面即形成锈斑。锈斑也可从果点部位及幼果茸毛脱落部位开始发生,而幼果期表皮细胞

对外界强光、强风、雨、药液等不良刺激敏感,所以,为防止果面锈斑的发生,也应尽早套袋。套袋时期越长则锈斑面积越小,颜色越浅。因此,适宜的套袋时期对外观品质的改善至关重要,套袋时期越早,套袋期越长,套袋果果面越洁净美观。据冉辛拓研究结果,套袋期为 110 天以上、80 天和 60 天的果点指数平均为 0.18、0.23 和 0.475,分别相当于对照的 20.2%、25.8% 和 53.4%;果色指数平均为 0.2、0.27 和 0.515,分别相当于对照的 22.6%、30.5% 和 58.2%。

(十)套袋方法

首先在严格疏花疏果的基础上,果实喷药后即可进行套袋。在套袋的同时,进一步选果,选择果形端正的下垂果套袋,这样的果易长成大果且由于有叶片遮挡阳光,可避免日灼的发生。选好果后小心地除去附着于蒂部的花瓣、萼片及其他附着物,因这些附着物长期附着果实会引起附着部位湿度过大形成水锈。套袋前 3~5 天将整捆纸袋用单层报纸包好埋入湿土中湿润袋体,也可喷少许水于袋口处,以利套袋操作和扎严袋口。因为梨果柄较长,所以套袋的具体操作方法与苹果不同。

1. 大袋套袋方法 为提高套袋效率,操作者可在胸前挂一围袋放入果袋,使果袋伸手可及。取一叠果袋,袋口朝向手臂一端,有袋切口的一面朝向左手掌,用无名指和小指按住,使拇指、食指和中指能够自由活动。用右手拇指和食指捏住袋口一端,横向取下一枚果袋,捻开袋口,一手托袋底,另一只手伸进袋内撑开袋体,捏一下袋底两角,使两底角的通气放水口张开,并使整个袋体鼓起。一手执果柄,一手执果袋,从下往上把果实套入袋内,果柄置于袋口中间切口处,使果实位于袋内中部。从袋口中间果柄处向两侧纵向折叠,把袋口折叠到果柄处,于丝口上方撕开将捆扎丝反转 90°,沿袋口旋转一周于果柄上方 2/3 处扎紧袋口。然后托打一下袋底中部,使袋底两通气放水口张开,果袋处于直立下垂状态。

2. 小袋套袋方法 套小袋在落花后 1 周即可进行,落花后 15 天内必须套完,使幼果渡过果点和果锈发生敏感期,待果实膨大后自行脱落或解除。由于套袋时间短,果实可利用其果皮叶绿素进行光合作用积累碳水化合物,因此套小袋的果实比套大袋的果实含糖量降低幅度小,同时套袋效率高、节省套袋费用。缺点是果皮不如套大袋的果实细嫩、光滑。梨套袋用小袋分为带浆糊小袋和带捆扎丝小袋两种,后者套袋方法基本与大袋相同,现仅介绍带浆糊小袋的套袋方法。

第一,取一叠果袋,袋口向下,把带浆糊的一面朝向左手掌,用中指、无名指和小指握紧纸袋,使拇指和食指能自由活动。

第二,取下一个纸袋的方法。用右手拇指和食指握在袋的中央稍微向下的部分,横向取下一枚。

第三,袋口的开法。拇指和食指捏袋滑动,袋口即开,把果梗从带浆糊部位的一侧将果实纳入袋中。

第四,浆糊的贴法。用左手压住果柄,再用右手的拇指和食指把带浆糊的部分捏紧向右滑动,贴牢。

注意事项:小袋使用的是特殊黏合剂,雨天、露水天、高温(36℃以上)或干燥时黏着力低。小袋的保存应放在冷暗处密封,防止落上灰尘。小袋开封后尽可能早用,不要留作翌年再用,否则黏着力会降低。另外,风大的地区易被刮落,应用带捆扎丝的小袋。

梨果套袋最好全园、全树套袋,便于套袋后的集中统一管理。若要部分套袋则要选择初盛果期的中庸或中庸偏强树,不要选择老弱树。对一株树而言,少套正南、西南方向的梨,以减少日灼果率。选树体中部或中前部枝上的果,不套内膛果及外围梢头果;套壮枝、壮台果,不套弱枝、弱台果。

套袋时应注意确保幼果处于袋内中上部，不与袋壁接触，防止椿象刺果、磨伤、日灼，以及药水、病菌、虫体分泌物通过袋壁污染果面。套袋过程应十分小心，不要碰触幼果，造成人为"虎皮果"，用力不要过大，以防折伤果柄、拉伤果柄基部，或捆扎丝扎得太紧而影响果实生长，或过松导致风刮果实脱落。袋口不要扎成喇叭口形状，以防积存雨水，而是要扎严扎紧，以不损伤果柄为度，防止雨水、药液流入袋内或病虫进入袋内。注意不要把叶片套入袋内。

套袋时应先树上后树下，先内膛后外围，防止套上纸袋后又碰落果实。就一株树或一片果园而言，最好全株或全园套袋，便于统一管理。

纸袋运输时要防日晒雨淋，保管时应用塑料纸包好密封起来，并放于冷暗处，否则会严重降低果袋质量。用过的纸袋最好不要再次利用，因纸袋用过之后纸质变劣，药、蜡均已失效且上面附着有虫卵、病菌等，二次利用容易发生日灼、果面斑点、果面粗糙等问题。果袋若要再次回收利用，可用1000倍烯唑醇＋500倍乐果或菊酯类农药浸泡处理30分钟左右，然后晾干备用。

四、花期防冻

尽管梨树休眠期抗寒性比较强，但在花期前后耐寒力比较差。茌梨在花序分离期若遇到－5℃的低温，会有15%～25%的花受冻。茌梨边花各物候期受冻的临界温度分别为：现蕾期－5℃，花序分离期－3.5℃，开花前1～2天－2℃～－1.5℃，开花当天－1.5℃。鸭梨比茌梨抗冻性稍强，各物候期受冻的临界温度比茌梨低0.3℃～0.5℃。我国北方地区梨树开花多在终霜期之前，很容易发生花期冻害，造成减产甚至绝产。因此，搞好花期防冻十分重要。

（一）改善梨园环境条件

第一，为防止冻害，建园时要避开风口及低洼地势。在梨园周围营造防护林。

第二，生产中加强梨园田间管理，使树体生长健壮，提高树体营养水平，提高抗冻能力。尽量避免枝条发育不良，修剪时，应适当多留花芽，不要过多疏除花芽枝。

第三，在天气预报发生霜冻前进行果园灌水，可延迟果树开花期，避开霜冻。

第四，树干涂白可延迟花期，如在秋末冬初进行主干涂白（生石灰∶石硫合剂∶食盐∶黏土∶水＝10∶2∶2∶1∶30～40），可以减少对太阳能的吸收，使树体温度在春天变化幅度减小，减少树体冻害和日灼，延迟萌芽和开花。另外，早春用9％～10％石灰液喷布树冠，可使花期延迟3～5天。

第五，喷布0.025％～0.05％萘乙酸钾盐溶液，对防止和减轻冻害均有较好的作用。

（二）熏　烟

熏烟能形成一个保护罩，减少地面热量散失，阻碍冷空气下降，同时烟粒还能吸收湿气，使水汽凝聚成液体放出热量，提高气温，从而避免或减轻霜冻。霜冻发生时，可以在梨园点火熏烟，即在园内用柴草、锯末等做成发烟堆，燃烧点的设置主要依据燃烧器具的种类、降温程度和防霜面积等来确定。原则上燃烧点在果园外围多，园内少；冷空气入口处多，出口处少；地势低处多，高处少。

在梨园凌晨3时左右气温降至0℃时点火生烟，可使果园气温提高1℃～2℃，减轻冻害。点火过早，浪费资材；点火过晚，防霜冻效果差。点火时，首先确定空气流入方向，果园外围要早点火，然后依据温度下降程度确定点火数目、调节火势大小，尽量控制园内温度处于临界温度以上。如夜间有风或多云天气,降温缓慢,可熄灭部分燃烧点,节约燃料;反之,则应增加点火数目,提高园内温度。常见的燃烧材料及方法见表5-9。

表5-9 梨园防霜冻采用的燃烧材料

种 类	设置燃烧点数目/667米²	注意事项
柴 油	20	小油罐上部打孔,燃烧时间可延续11小时
橡胶(废旧轮胎)	15	1/3埋入土中,通过调节埋入深度来调节火力
锯末油	18	每667米²用量:锯末15千克;柴油30升,混合后装入2.5千克塑料袋中
麦 秸	20	干草中加入适量湿草,增加燃烧时间和放烟效果
花生壳	25	加入适量湿草
烟雾剂	15	可自制,硝酸铵+锯末+柴油,混合后装入2.5千克塑料袋中

(三)受冻后的管理

发生冻害后,要认真进行人工授粉,保证未受冻或受冻轻微的花能够开花坐果,尽量减少产量损失。也可以喷布0.005%~0.01%赤霉素溶液来提高坐果率,或者喷布0.0035%~0.005%吲哚乙酸溶液以诱发单性结实。

第六章
果实品质的提升

一、甜度的调控

果实中糖分的积累主要由遗传因子决定,但环境因子和栽培措施对果实糖的含量和成分也有重要影响。

(一)环境因子调控

1. 水分 水分对果实发育及品质的调节具有双重性:一方面,土壤水分不足常会降低果实产量;另一方面,在果树生长的特定时期,适当控水却可以提高果实的品质。水分胁迫会影响梨果实糖分的积累,在果实发育后期,水分胁迫还会影响可溶性固形物的含量;早期水分胁迫会导致果实中葡萄糖、蔗糖和山梨醇含量下降。

2. 二氧化碳浓度 不同浓度的 CO_2 会影响温室内丰水梨果实的品质,长时间供应充足的 CO_2 可增加果实的大小和重量,但对果实的品质无显著的影响;短时间供应充足的 CO_2 虽不能明显改变果实的大小,但果实中糖含量会增加。充足的 CO_2 供应对果实生长的影响与果实的生长阶段联系紧密,在果实膨大期充足的 CO_2 会增加果实的大小,在果实成熟期则果实膨大减缓,此时只增加果实的糖分含量。不同的气候环境会影响梨果实中糖分的含量和成分组成。

3. 光照 光照是果树正常生长发育和结果的主要生态因子，充足的光照可有效改善梨树树体营养状况，增强树体生理活力，提高果实产量和质量。砀山酥梨成熟时果实可溶性糖含量与光强呈显著正相关。

4. 树形 不同的树形对果实糖分积累与酶活性也有影响，含糖量和相关酶活性均以平棚形果实最高，"V"形次之，疏散分层形最低。对丰水梨采取水平台阶式整形修剪，结果表明，水平台阶式丰水梨的冠层开度、树冠下散射光的光量子通量密度、平均叶倾角均显著高于疏散分层形，而叶面积系数则低于疏散分层形。在品质方面，水平台阶式的可溶性固形物、总糖、糖酸比分别比疏散层高 20.2%、18.7% 和 29.8%，总酸低 8.5%。另外，丰水梨棚架形平均叶倾角，冠层开度，冠下直射、散射及总光合光量子通量密度显著或极显著高于疏散分层形，而叶面积系数极显著低于疏散分层形。棚架形果实可溶性固形物、可溶性糖、糖酸比显著高于疏散分层形。棚架形树冠不同部位果实品质一致性优于疏散分层形。冠层开度大，冠层总光量子通量密度高，结果枝条粗壮是棚架果实品质优的主要原因。

（二）栽培措施调控

栽培措施对果实糖分的积累也具有重要的影响，当前的研究主要集中在以下几个方面。

1. 植物生长调节剂 应用植物生长调节剂来增大果形、提高果实品质是生产上的常用措施。GA（赤霉素）处理可以增大果实库强度，使果实变大。GA 可促进果糖相关酶活性，用 GA 和 CPPU（细胞分裂素类）处理丰水梨果实，结果表明 GA 可促进果实生长，使细胞增大，果实中蔗糖含量也较高；用 CPPU 处理的果实积累的葡萄糖和果糖比 GA 处理的含量较高。在丰水梨盛花后 42 天采用 $GA_3＋GA_{4+7}$ 和 PP_{333}（多效唑）处理果实，结果表明 $GA_3＋GA_{4+7}$ 处理的果实可溶性总糖达到大果对照水平，与小果对照相比显著提高，且主要是蔗糖含量高；PP_{333} 处理的果实可溶性糖含量比大果对照低，与小果对照水平相当，也主要是蔗糖含量低。盛花后 40 天采用 GA 处理秋荣梨和丰水梨果实，结果表明果实成熟期蔗糖积累达到高峰，且秋荣梨的蔗糖含量为丰水梨果实的 2 倍。用 GA_{3+4} 处理后的丰水梨果实库强的增加与果心细胞壁转化酶、果肉中性转化酶活性上升紧密相关，处理果实中的山梨醇和蔗糖含量下降，葡萄糖含量增加。初花期对库尔勒香梨喷施 PBO（果树促控剂）、NAA（萘乙酸）均能提高果实可溶性固形物含量，而花期多效唑处理使库尔勒香梨果实的可溶性糖含量降低。

2. 整形修剪　扭枝、修剪等措施也可调控梨果实糖分的积累。扭枝可促进翌年果实中的葡萄糖和果糖含量，抑制蔗糖含量。对威廉姆斯梨的枝条进行弯枝处理，夏季弯枝的枝条上果实的各糖分含量最低，而春季弯枝的枝条上的果实中果糖、山梨醇、蔗糖、总糖含量最高，对照果实中的葡萄糖含量最高。在康佛伦斯梨上进行春季弯枝处理和夏季弯枝处理，发现第一年各处理枝条上果实的碳水化合物含量无显著差异；第二年对照果实中葡萄糖和果糖含量最高，而蔗糖含量最低；山梨醇含量无明显变化趋势。这说明康佛伦斯果实内在物质的变化并不是由弯枝单独导致的，弯枝可间接影响果树的生理反应。由此可见，不同品种梨对弯枝的效果存在差异。另外，夏季修剪对梨果实的发育、成熟度、硬度等无影响，但会一定程度上延迟蔗糖的积累。

3. 套袋　套袋可改变果实生长发育的微环境，影响果实糖的积累和代谢，套袋对梨果实糖分的积累因品种、套袋的时间及果袋的类型不同而存在差异。幸水梨在不同时期套袋后，可溶性固形物、可溶性总糖含量均有不同程度的降低。黄金梨套袋后果实的糖含量、淀粉含量及糖代谢相关酶活性的变化趋势与对照基本一致。与对照相比,套袋果实可溶性糖和淀粉的含量都有所降低。翠冠套不同果袋后,套袋果实总糖含量降低,但山梨醇含量都高于对照;套袋果实中的糖以蔗糖和山梨醇为主,对照果实中则以蔗糖和果糖为主。也有研究表明,套袋处理不会影响美人酥果实中可溶性总糖的含量,但有机酸含量下降;幼果期套袋美人酥和云红梨 1 号并在采前 15 天去袋,则果实中蔗糖含量不断增加。套袋使多数红皮梨品种果实质量和可溶性固形物含量有所下降。用不同膜袋和纸袋对库尔勒香梨进行套袋,套袋后果肉的可溶性固形物含量普遍升高,5 月套袋处理的果肉可溶性固形物含量为 13% ～16.1%,比对照果实平均高 1.2%,差异不显著。翠冠和黄金梨套袋果实在发育过程中蔗糖、葡萄糖、果糖、山梨醇和糖代谢相关酶活性变化趋势与对照基本一致,套袋果实糖含量均低于对照但差异不显著,而各相关酶活性在两类果实间差异表现各异。在果实发育早期,果实中以分解酶类为主,糖分积累少;发育后期以合成酶类为主,糖分积累多。套袋通过提高果实发育早期转化酶活性,降低果实后期的糖分积累,从而影响梨果品质。可见,套袋可通过提高果实发育早期转化酶活性,从而影响梨果品质。

4. 疏果 疏果可以调节果实和叶片之间的"库—源"关系,改变光合产物的运输和分配,从而影响果实产量和品质。梨树坐果率高,坐果后若不进行疏果会导致果形变小,果实糖积累水平下降。对丰水梨进行不同程度的疏果,在不同时期进行疏果处理,结果表明,随着疏果程度增加,果实单果重、可溶性总糖含量均显著提高,重度疏果、中度疏果与不疏果相比,单果重分别增加172.5% 和 95.9%,可溶性总糖含量分别增加 31.8% 和 20.7%。疏花序、疏花蕾和疏果后,果实可溶性固形物增加,其中以疏花蕾处理增加最多,其次为疏果处理,疏花序处理增加的最少。疏果对可溶性总糖组分的影响主要是增加蔗糖和山梨醇含量;重度疏果、中度疏果与不疏果相比,蔗糖含量分别增加 134.8% 和 91.5%,山梨醇含量分别增加 53.2% 和 26.7%,葡萄糖含量减少 45% 和 22.7%。不同时期疏果与不同疏果程度相似,表现为疏果早的果形大,蔗糖和山梨醇含量高,花后 90 天重度疏果仍能提高果实糖积累水平。梨为伞房花序,每个花序有 5~7 朵花,花序的不同花朵发育程度和开花时期不同,花序的不同序位所坐的果实存在品质差异,可溶性糖含量最高分别为 2~4、1~3、3~5 序位的果实。

5. 采收期　采收期也影响梨果实中糖分的含量,过早或过晚采收都会降低梨果实的可溶性固形物含量。不同采收期对南果梨果实糖的组成成分及含量存在影响,花后 137 天采收的果实蔗糖和果糖含量显著高于花后 131 天前采收的果实,花后 131 天前采收的果实蔗糖和果糖含量差异不显著;花后 131 天采收的果实葡萄糖含量最高,显著高于花后 121 天采收的果实,与花后 137 天采收的果实相比,葡萄糖含量差异不显著;不同时期采收的果实山梨醇含量差异不显著;总糖含量方面,花后 137 天采收的果实总糖含量显著高于花后 126 天前采收的果实,但与花后 131 天采收的果实相比,总糖含量差异不显著。

6. 施肥　喷施不同的肥料也可调控梨果实糖分的积累,从而提高果实品质。目前,生产上有机叶面肥得到了广泛的应用。黄冠梨施用腐殖酸钾后,果实中总糖、葡萄糖和果糖含量增加,但蔗糖含量下降;满天红喷施氨基酸液肥后果实可溶性固形物含量显著高于对照。菌糠黄腐酸对苹果梨果实内在品质影响较大,不同浓度的菌糠黄腐酸均能显著提高苹果梨可溶性固形物含量,使苹果梨果实的风味浓郁、优质率高。氮是植物生长发育最重要的营养元素之一,对器官构建、生理代谢过程具有重要作用。氮的施用量不仅影响产量,还会显著影响果实品质。适量施氮能提高丰水梨果实可溶性总糖的含量,而过量施氮会降低果糖和葡萄糖含量,从而降低可溶性糖总糖含量。

二、酸度的调控

果实有机酸的含量受环境条件和栽培措施的调控。适度的水分胁迫可减少果实酸度,喷施稀土或硼钙营养、灌溉、环割等措施均可降低果实酸度。温度较高地区,果实含酸量一般较低。低光照条件下果实苹果酸含量增加。

土壤和营养元素也会影响果实酸度。缺磷、多钾、多氮都会使果实酸度增加,微量元素铁、铜的缺少也会增加果实酸度。施用堆肥＋叶片喷施氨基酸肥或腐熟动物废弃料可降低黄金梨总酸、苹果酸、酒石酸含量,而施用鸡粪＋草炭或堆肥＋生物菌肥与单施农家堆肥相比效果不明显。不同肥料类型处理黄金梨果实中总酸、苹果酸和酒石酸含量则先降低后增加。

套袋会影响果实有机酸含量。砂梨套袋也可降低果实酸度,库尔勒香梨果实套紫色塑料膜袋后苹果酸含量显著减少,套单层白色纸袋后柠檬酸含量显著升高,而莽草酸、草酸和奎尼酸含量在各处理间没有显著变化。

加入纳米硅基氧化物涂膜贮藏果实,水晶梨果实有机酸较高。疏除一部分叶面积可以增加威廉姆斯梨果实酸度。此外,树体喷钾肥、果实套袋、树干环剥和增加树龄等,均可提高新苹梨果实总酸含量;树体喷氮肥和增加光照,均可降低新苹梨果实总酸含量;栽培环境不同,对新苹梨果实总酸含量也有明显影响。

三、果点的调控

酚类代谢产物在植物体内的合成受到环境、植物自身等因素的调控。不同植物类群其遗传特性、生存环境存在差异,含有的酚类化合物的种类及含量也存在差异。光照、温度、水分和矿质营养等都对植物的生长和代谢产生重要影响。果实套袋能显著抑制一些酶活性,从而抑制果实中水溶性酚类物质和木质素含量,降低果点的大小和数量,改善果实的外观和食用品质。在往梨生产中,掐花萼是一项改善品质的措施,它可以减少果实中酚类物质含量,改善果实品质。

四、香味的调控

(一)改善环境条件和栽培措施

梨果实芳香物质的形成主要是在果实发育的后期,此阶段以分解代谢为主,这时光照、温度等环境因子及肥水条件对芳香物质的组成和含量都有重要影响。果实成熟期间,晴朗天气更有利于芳香物质的形成,向阳的、植株外围的香味品质优于内膛果,这也说明果实中芳香物质的形成与光照有重要关系。果实成熟前增施有机肥和减少灌溉也可在一定程度上促进果实中脂肪酸、氨基酸等物质的转化,促进芳香物质的形成,从而改善果实风味。此外,合理的氮肥施用量也有利于芳香物质的形成和保持果实的风味品质,施氮过多易引起植株旺长,造成植株的营养生长与生殖生长失调,果实风味品质下降;过少或不施氮肥则会导致芳香物质含量低,影响果实风味。

套袋对果实挥发性芳香物质的形成也有影响。研究表明,套袋对鸭梨果实中挥发性芳香物质的种类和含量均有一定影响。未套袋的鸭梨果实中共检测出挥发性成分23种,其中酯类12种,烷类3种,酮类、醇类和膦类各1种。套袋后果实中挥发性成分及含量均发生了明显变化。套袋鸭梨果实中共检测到挥发性物质 24 种,其中酯类 8 种,酮类、醇类和膦类各 1 种,烷类 2 种,酯类相对含量为 45.65%。

负载量对梨果实芳香物质的形成也有一定影响。研究表明,鸭梨负载量在 36 759～65 940 千克/公顷范围内,芳香物质的种类与负载量的大小无关,不同负载量的果实中均有 22 种挥发性芳香物质,但芳香物质的含量对负载量的依赖性较大,酯类物质的绝对含量随着负载量的增加呈增长趋势,但负载量过高时酯类物质的含量又下降。烷类、醇类、烯类、酚类等物质含量及挥发物质总量的变化趋势与酯类物质基本相同,均表现为随负载量增加而呈上升趋势,但负载量过大时又下降。酯类、烷类、醇类、烯类物质及挥发物质总量均以负载量 57 152 千克/公顷时最高,酚类物质以负载量为 50 235 千克/公顷时最高。从各类挥发性物质的相对含量还可以看出,不同负载量的鸭梨果实中挥发性芳香物质的相对含量均以酯类物质比例最高,占总挥发性物质含量的 35.79%～49.33%,其他类物质由高到低的顺序为烷类 17.5%～38.94%、烯类 5.77%～33.84%、醇类 4.32%～14.30%、酚类 0～1.15%。各类挥发性物质相对含量与负载量之间无明显对应关系。

采前喷钙也可调控果实挥发性芳香物质的形成。研究表明,钙处理可促进南果梨果实中酯类物质,尤其是乙酯类化合物的形成,而对醛、醇、烯烃类物质形成的影响却不大,南果梨中果香味的酯类物质相对含量的增加,使其果香味更浓。另外,钙处理对梨果实挥发性芳香物质形成的调控作用在不同品种间有明显差异,钙处理对砀山酥梨果实中的各类挥发性芳香物质的影响都不大。

(二)适时采收

适时采收的果实方可获得该品种应有的最佳风味。以南果梨为例,不同成熟度的果实,采收后经过后熟的完熟果实中挥发性芳香物质的组成和含量均有较大差别。提前采收的果实中共检出 64 种芳香物质,占挥发性物质总量的 91.09%。正常采收的果实中共检出芳香物质 65 种,占挥发性芳香物质总量的 95.62%。提前采收的果实中,挥发性芳香物质的总量明显低于正常采收果实。此外,不同采收期果实的特征香气组成和含量也不同,正常采收果实中除特征香气外,还有果香味的乙酸丁酯和青苹果味的 2-己烯醛;而提前采收的果实则只有特征香气。与提前采收相比,正常采收果实果香味更浓。因此,为了获得果实最佳风味,建议生产中适时采收。延后采收的安久梨果实再贮藏 2～5 个月,酯类、醇类和醛类物质的含量均比正常采收果实高,其中丙醇、乙酸丙酯和乙酸己酯的含量均与对照达到差异显著。

(三)改变贮藏条件与方式

果实贮藏过程中,品质尤其是风味会发生一定的变化,不同贮藏条件与贮藏方式对果实挥发性芳香物质的影响较大。派克汉姆冷藏 2 个月后果实芳香物质的含量及香气值均高于气调贮藏和 1-MCP(保鲜剂)处理的果实;经过更长时间的贮藏后,1-MCP 处理的果实恢复香气产出的能力高于气调贮藏。因此,为保持较好的贮藏品质和果实香气,建议果实采后先用 1-MCP 处理然后再进行冷藏。考密斯低氧贮藏后恢复到 20℃ 存放 7 天,果实中芳香物质的含量明显减少。派克汉姆低氧贮藏后也有类似的现象发生,低氧贮藏 2 个月后,整果和果酱的特征香气物质含量均显著减少。

生产中可采取一定的措施来改善贮后果实香气,如用茉莉酸甲酯处理南果梨果实,贮后酯类物质比对照增加 41.5%～49.5%,醛类物质增加 91.2%～128.6%,烯烃类化合物的含量比对照提高 2～3 倍,香气物质的总量增加了 60% 左右,果实风味得到了明显改善,商品价值显著提高。1 毫摩/升的亚油酸浸泡贮藏后的砀山酥梨果实,挥发性酯类物质比对照增加 76.1%,酮类物质增加

64.9％,醇类物质提高 10 倍以上,香气物质的总量增加 53.3％,香味品质也得到了明显的改善。

五、色泽的调控

　　光照是花色素苷合成的前提,套袋措施可以有效地调控果实外观色泽。套袋对花色素苷合成的影响可分为两个阶段:一是套袋期显著抑制花色素苷的合成,二是解袋后花色素苷迅速合成。云红梨 1 号和美人酥去袋后花色素苷含量急速上升,10 天后趋势变缓。

　　温度是影响花色素苷合成的另一重要环境因子。低温诱导能提高五九香梨果皮花色素苷的含量,而无论是低温环境还是常温环境,花色素苷生物合成的相关基因都与花色素苷的积累密切相关。

　　植物激素往往通过影响植物体内的代谢过程和植物基因的表达来影响果实成熟和着色。5-氨基乙酰丙酸(ALA)处理能提高云红梨 2 号果皮中花色素苷的含量,促进果实着色。

第七章

梨园土肥水管理

一、土壤管理新模式

(一)土壤覆盖管理

1. 管理模式优点 梨园覆盖栽培,是指在梨园地表人工覆盖天然有机物或化学合成物的栽培管理制度,分为生物覆盖和化学覆盖两种形式。生物覆盖材料包括作物秸秆、杂草或其他植物残体。化学覆盖材料包括聚乙烯农用地膜、可降解地膜、有色膜、反光膜等化学合成材料。梨园覆盖栽培作为一种省工高效的土壤管理措施,符合生态农业和可持续发展战略。

(1)降低管理成本 梨园覆盖抑制了杂草的萌发和生长,免除了一年5～6次的中耕除草。覆盖适宜时,能减少或防止病虫害的发生,降低农药用量、节省开支。研究表明,秸秆覆盖还可减少梨园腐烂病的发生,发病株率可下降 14.9％～32.1％,减少蚧蝉危害苹果树枝率达 73.6％～80.9％(王中英,1992)。

(2)提高土壤含水量,节省灌溉开支 据观察,连续几年不间断进行生物覆盖的果园,一般地段平均可提高土壤含水量 40％左右,地表蒸发减少 60％左右。尤其在春季降雨少、蒸发量大时,果园覆草能够有效地减少土壤水分蒸发,保蓄水分。果园覆膜也可以提高土壤含水量,特别是土壤表层含水量。在干旱地区,地膜覆盖可分别提高 0～15 厘米、15～25 厘米表层土壤含水量达 40.91% 和 27.06%。在半干旱和半湿润地区可提高表层土壤含水量 5.89%～28.14% 和 4.7%～5.9%(徐明宪,1988)。

(3)增加产量 秸秆覆盖梨园可促进梨树树体的生长发育。果实生长速率加快,单株留果数相同时,覆秸秆树的单果重较对照增加 7.5%～13.9%,单果重绝对增加 17～24 克,具有增大果个的作用。在覆秸秆树的挂果数不超过对照树 12% 时,均可增大果形(赵长增等,2002)。

(4)改善土壤结构 秸秆覆盖不需中耕除草,既可保持良好而稳定的土壤团粒结构,又可节省劳力。梨园覆盖能够改善土壤的通透性,提高土壤孔隙度,减小土壤容重,使土质松软,利于土壤团粒结构形成,减缓土壤内盐碱上升,有助于土壤保持长期疏松状态,提高土壤养分的有效性。梨园覆盖 0～20 厘米的土层,其土壤容重、比重、总孔隙度分别为 1.02 克/厘米^3、2.64 克/厘米^3、61.3%,对照地分别为 1.20 克/厘米^3、2.09 克/厘米^3、42.6%,容重下降幅度为 15%,比重和总孔隙度增加幅度分别为 26.32% 和 43.9%(张琳,2004)。

(5)提高土壤肥力,促进土壤微生物活动 覆盖的有机物降解后可增加土壤有机质含量,提高土壤肥力,连续覆盖 3～4 年,活土层可增厚 10 厘米左右,土壤有机质含量可增加 1% 左右。长期覆草不但能提高土壤养分含量,而且能提高土壤保肥和供肥的缓冲能力(孙鹏等,2001)。据研究,梨园覆盖整个生长期细菌数量平均比对照高 150.99%,固氮菌数量高 95.47%。覆盖后,在梨树整个生长期真菌的平均数量覆盖比对照高 56.33%,氨化菌数量高 55.41%(张琳,2004)。

2. 梨园土壤覆盖管理模式

（1）生物材料　覆草前,应先浇足水,按 10～15 千克/667 米² 的数量施用尿素,以满足微生物分解有机质时对氮的需要。覆草一年四季均可,以春、夏季最好。春季覆草既利于果树整个生育期的生长发育,又可在果树发芽前结合施肥、春灌等农事活动一并进行,省工省时。不能在春季进行的,可在麦收后利用丰富的麦秸、麦糠进行覆盖。需注意的是,新鲜麦秸、麦糠要经过雨季初步腐烂后再用。对于洼地、易受晚霜危害的果园,谢花之后覆草为好。

郁闭程度较高,不宜进行间作的成年果园,可采取全园覆草,即果园内裸露土地全部覆草,数量可掌握在 1 500 千克/667 米² 左右。郁闭程度低的幼龄果园,尚可进行果粮或果油间作的,以树盘覆草为宜,用草 1 000 千克左右。覆草量也可按照拍压整理后,10～20 厘米的厚度来掌握。

梨园覆草应连年进行,每年均需补充一些新草,以保持原有厚度。3～4 年后可在冬季深翻 1 次,深度 15 厘米左右,将地表已腐烂的杂草翻入表土,然后加施新鲜杂草继续覆盖。

（2）地膜　覆膜前必须先追足肥料,地面必须先整细、整平。覆膜时期,在干旱、寒冷、多风地区以早春（3 月中下旬至 4 月上旬）土壤解冻后覆盖为宜。覆膜时应将膜拉展,使之紧贴地面。

①1 年生幼龄树采用"块状覆膜"　树盘以树干为中心做成浅盘状,要求外高里低,以利蓄水,四周开 10 厘米浅沟,然后将膜从树干穿下并把膜缘铺入沟内用土压实。

②2～3 年生幼龄树采用"带状覆膜"　顺树行两边相距 65 厘米处各开一条 10 厘米浅沟,再将地膜覆上。遇树开一浅口,两边膜缘铺入沟内用土压实。

③成年树采取"双带状覆膜"　在树干周围 1/2 处用刀划 10～20 个分布均匀的切口,用土封口,以利降水从切口渗入树盘。两树间压一小土棱,树干基部不要用地膜围紧,应留一定空隙但要

用土压实,以免烧伤干基树皮和避免透风。

夏季进入高温季节时,注意在地膜上覆盖一些草秸等,以防根际土温过高。根际土温一般不超过 30℃ 为宜。此外,到冬季还应及时捡除已风化破烂无利用价值的碎膜,并集中处理,以便土壤耕作。

3. 注意事项 梨园覆盖也有一些负面效应需要注意。据调查,山间河谷平原或湿度较高的果园覆草或秸秆后容易加剧煤污病、蝇粪病的发生和危害;黏重土壤的果园覆草后,则易引起烂根病。河滩、海滩或池塘、水坝旁的果园,早春覆草果园花期易遭受晚霜危害,影响坐果,这类果园最好在麦收后覆草。

梨园覆盖为病菌提供了栖息场所,会引起病虫数量增加,在覆盖前要用杀虫剂、杀菌剂喷洒地面和覆盖物。平时密切注意病虫害发生情况,及时喷杀。此外,每 3 年应将覆盖物清理深埋,以杀灭虫卵和病菌,然后重新进行覆盖。许多病虫可在树下越冬,为避免覆草后加重病虫害的发生,春季要对树盘集中喷药防治。覆草后水分不易蒸发,雨季土壤表层湿度大,易引起涝害,必须及时排水。排水不良的地块不宜覆草,以免加重涝害。

梨园覆草或秸秆根系分布浅,根颈部易发生冻害和腐烂病。长期覆盖的果园,根系易上返变浅,一旦不再覆盖,就会对根系产生一定程度的伤害。覆草应连年进行,以保持表层土壤稳定的生态环境,有利于保护和充分利用表层功能根群。开始覆草的 1～2 年,不能把草翻入地下,以保护表层根;3～4 年后可翻入地下,翻后继续覆草。初次覆草厚度不能小于 20 厘米,以后连年覆草厚度不小于 15 厘米。无法继续覆盖时,要对根部采取防寒措施,保护好根系,使根部逐渐适应新的环境。长期覆盖的果园湿度较大,根的抗性差,可在春夏季扒开树盘下的覆盖物,对地面进行晾晒,能有效预防根腐烂病,并促使根系向土壤深层伸展。此外,覆草时果树根颈周围要留出一定的空间,能有效地控制根颈腐烂和冻害。冬春树干涂白、幼龄树培土或用草包干,都对预防冻害有明显作用。

覆草或秸秆的果园易发生火灾,因此这类果园应在覆草或秸秆上面压土,能有效地预防火灾和防止覆草或秸秆被大风吹跑。覆草或秸秆的果园鼠害相对较重,应于春天和初秋在果园中均匀定点放置灭鼠药灭鼠。

农膜覆盖技术的广泛应用在促进农业生产发展的同时,也带来了白色污染。聚丙烯、聚乙烯地膜,可在田间残留几十年不降解,反而造成土壤板结、通透性变差、地力下降,严重影响作物的生长发育和产量。残破地膜一定要捡拾干净后,再集中处理。果园覆盖时,应优先选用可降解地膜。

(二)生草管理

1. 适宜生草管理模式的梨园　草生长需要较多的水分,因此梨园生草适宜在年降水量 500 毫米,最好 800 毫米以上的地区或有良好灌溉条件的地区采用。若年降水量少于 500 毫米且无灌溉条件,则不宜进行生草栽培。在行距为 5~6 米的稀植园,幼龄树期即可进行生草栽培。高密度梨园不宜进行生草,而宜覆草。

2. 具体管理模式　梨园生草有人工种植和自然生草两种方式,可进行全园生草、行间生草、株间生草。土层深厚肥沃、根系分布较深的梨园宜采用全园生草;土壤贫瘠、土层浅薄的梨园,宜采用行间生草和株间生草。无论采取哪种方式,都要掌握一个原则,即应该对果树的肥、水、光等竞争相对较小,又对土壤生态效应较佳,且对土地的利用率高。

梨园生草对草的种类有一定的要求,主要标准是适应性强、耐阴、生长快、产草量大、耗水量较少、植株矮小、根系浅,能吸收和固定果树不易吸收的营养物质。地面覆盖时间长,与果树无共同的病虫害,对果树无不良影响,且能引诱害虫天敌。梨园生草草种以鼠茅草、黑麦草、白三叶草、紫花苜蓿等为好。另外,还有百脉根、百喜草、草木樨、毛苕子、扁茎黄芪、小冠花、鸭绒草、早熟禾、羊胡子草、野燕麦等。

(1)播种 播种前应细致整地,清除园内杂草。每667米² 撒施磷肥50千克,翻耕土壤深度20～25厘米,翻后整平地面,灌水补墒。为减少杂草的干扰,最好在播种前15天浇水1次,诱发杂草种子萌发出土,除去杂草后再播种。

播种时间春、夏、秋季均可,多为春、秋季。春播一般在3月中下旬至4月份,气温稳定在15℃以上时进行。秋季播种一般从8月中旬开始,到9月中旬结束,最好在雨后或灌溉后趁墒进行。春播后,草坪可在7月份果园草荒发生前形成;秋播可避开果园野生杂草的影响,减少剔除杂草的繁重劳动。就果园生草草种的特性而言,白三叶草、多年生黑麦草,春季或秋季均可播种;放牧型苜蓿春季、夏季或秋季均可播种;百喜草只能在春季播种。

草种用量,白三叶、紫花苜蓿、田菁等为0.5～1.5千克/667米²,黑麦草为2～3千克/667米²。可根据土壤墒情适当调整用种量,一般土壤墒情好,播种量宜小;土坡墒情差,播种量宜大些。

一般情况下,生草带为1.2～2米,生草带的边缘应根据树冠的大小在60～200厘米范围内变动。播种方式有条播和撒播。①条播。开0.5～1.5厘米深的沟,将过筛细土与种子以2～3:1的比例混合均匀,撒入沟内,然后覆土。遇土壤板结时及时划锄破土,以利出苗。7～10天即可出苗。行距以15～30厘米为宜。土质好,土壤肥沃,又有水浇条件,行距可适当放宽;土壤瘠薄,行距要适当缩小。同时,播种宜浅不宜深。②撒播。即将地整好,把种子拌入一定的沙土撒在地表,然后用耱耱一遍覆土即可。

试验示范表明,白三叶草种子撒播时不易播匀,果园土壤墒情不易控制,出苗不整齐,苗期清除杂草困难,管理难度大,缺苗断垄现象严重,对成坪不利。条播可适当覆草保湿,也可适当补墒,更有利于种子萌芽和幼苗生长,极易成坪。

(2)幼苗期管理 出苗后应及时清除杂草,查苗补苗。生草初期应注意加强肥水管理,干旱时及时灌水补墒,并可结合灌水补施少量氮肥。白三叶草属豆科植物,自身有固氮能力,但苗期根瘤尚未生成,需补充少量的氮肥,待成坪后只需补充磷、钾肥即可。白三叶草苗期生长缓慢,抗旱性差,应保持土壤湿润,以利苗期生长。成坪后如遇长期干旱也需适当浇水。灌水后应及时松土,清除野生杂草,尤其是恶性杂草。生草最初的几个月不能刈割,要待草根扎深、植株体高达 30 厘米以上时,才能开始刈割。春季播种的,进入雨季后灭除杂草是关键。对密度较大的狗尾草、马唐等禾本科杂草,可直接人工拔除。

(3)成坪后管理 果园生草成坪后可保持 3～6 年,生草应适时刈割,既可以缓和春季和果树争肥水的矛盾,又可增加年内草的产量,增加土壤有机质的含量。一般每年割 2～4 次,灌溉条件好的果园,可以适当多割 1 次。割草的时间掌握在开花与初结果期,此期草内的营养物质最高。割草的高度,一般的豆科草如白三叶要留 1～2 个分枝,禾本科草要留有心叶,一般留茬 5～10 厘米。避免割得过重使草失去再生能力。割草时不要一次割完,顺行留一部分草,为天敌保留部分生存环境。割下的草可覆盖于树盘上、就地撒开、开沟深埋或与土混合沤制成肥,也可作饲料还肥于园。整个生长季节果园植被应在 15～40 厘米交替生长。

对全园生草的果园,刈割时较麻烦,且费工费力,可每 667 米²喷洒 20％百草枯水剂 100 毫升(600～1 000 倍液)代替刈割。百草枯属触杀性除草剂,遇土钝化失效,无残留,耐雨水冲刷,用后半小时内无雨即可达到良好效果。

刈割之后均应补氮和灌水,结合果树施肥,每年春、秋季施用以磷、钾肥为主的肥料。生长期内,叶面喷肥 3～4 次,并在干旱时适量灌水。生草成坪后,有很强的抑制杂草的能力,一般不再人工除草。

　　果园种草后,既为有益昆虫提供了场所,也为病虫提供了庇护场所,果园生草后地下害虫有不同程度的增加,应重视病虫防治。

　　(4)草的更新　在利用多年后,草层老化,草群变稀,会出现"自我衰退"、土壤表层板结现象,应及时采取更新措施。对自繁能力较强的五叶草,通过复壮草群进行更新,黑麦草一般在生草 4～5 年后及时耕翻,白三叶草耕翻在 5～7 年草群退化后进行,休闲 1～2 年,重新生草。

　　(5)梨园管理

　　①灌水　梨园生草后,应改大水漫灌为行间灌溉。播种前,在梨树行间挖一宽 0.5～1 米、深 20 厘米的浅沟,以利于灌水,并消除因种草而形成的水流慢、用水量大的缺点。有条件的果园可采用微喷或滴灌等节水灌溉。

　　②追肥　生草果园应注意追肥,特别是在春、夏季节,草生长旺盛,需增加氮、磷、钾肥的用量。可撒施肥料,苗期以氮肥为主,成坪后以磷、钾肥为主。

　　③草种选择　自然生草是根据梨园里自然长出的各种草,把有益的草保留,将有害草及时拔除,再通过自然竞争和刈割,最后选留几种适于当地自然条件的草种形成草坪。这是一种省时、省力的生草法。

　　④生草管理　每年春季,保留梨园杂草中的野燕麦草或当地其他适宜的草,其他深根性杂草、攀缘性杂草,如扯皮草、蓬草、篙草等全拔除。6 月下旬以前割除野燕麦草,培养当地梨园最常见的一种名叫马唐的杂草。马唐草超过 40 厘米时,或刈割覆盖于树盘内,或用长棍将草压歪使之横向生长。为了防火,冬季可往草上压些土,使其自然腐烂。注意防治鼠害。

　　⑤施肥　每 2～3 年施 1 次腐熟鸡粪,时间一般在春季萌芽

前,每 667 米^2 用 450 千克,并掺入磷酸二铵 10 千克、硫酸钾 15 千克,每 2～3 年施 1 次三元复合肥,每 667 米^2 施 25 千克,与有机肥交替施用,施肥时期在春季萌芽前。

3. 注意的问题

(1)草种选择 我国地域辽阔,不同地区气候、土壤条件差异很大,因此各地应针对自己的具体情况选择适宜的草种。一般来说,南方梨产区特别是红黄壤地区,夏秋高温干旱,应选择耐瘠薄、耐高温、干旱,水土保持效应好,适于酸性土壤生长的草种,如百喜草、恋风草、黑麦草等;而北方梨产区,冬季寒冷、干燥、土壤盐碱化,则应选择耐寒、耐旱、耐盐碱的草种,如苜蓿、结缕草等。可以两种或多种草混种,特别是豆科草和禾本科草混种,这样既能增强群体适应性、抗逆性,又能利用它们的互补特性。一般混种比例以豆科占 60％～70％、禾本科占 30％～40％较为适宜。

(2)养分、水分竞争 生草与果树争夺肥水是梨园生草栽培存在的主要问题。一般草种生长旺,根密度大,在其旺长期常因草的吸收降低土壤中多种有效养分含量。因此,除了选择根系浅、需肥少的草种外,在草的旺盛生长期还应适当补肥。生草栽培后,草的蒸腾耗水量大,在旱季会加剧土壤干旱,因此,为了避免生草与果树争夺水分的矛盾,应在干旱来临前与果树肥水需求高峰期,及时割草覆盖或者及时施肥、灌水来缓解。

(3)杂草控制 在不同地区的不同果树生产区,应选择抗杂草能力强的草种,并注意及时清除杂草。特别是在草尚未有效覆盖地面之前,难免发生杂草,如果不辅助人工除草予以控制,就可能发生草荒而导致果园生草失败。一般覆盖性能好的草种在充分覆盖地面后,就可以有效地抑制杂草,即使其中有少量杂草,也无妨碍。在果树树盘范围内,则须经常性地中耕除草,或施用化学除草剂,或进行覆草以防止杂草危害。

(4)长期生草对土壤理化性质的影响 梨园长期生草会造成

土壤板结,通透性降低,好气性微生物活动受到抑制,土壤硝态氮含量减少。所以,一般不采用全园生草,而主要采用行间生草并经常割草,于株间或树盘下覆盖,以提高树盘下土壤的通透性。也可通过全园深翻或生草更新来解决,即生草 5～7 年后,施用除草剂灭草或者及时翻压,免耕 1～2 年后重新生草。

二、施 肥

(一)梨树需肥特点与施肥

1. 需肥特点 梨树所需的矿质元素主要有氮、磷、钾、钙、镁、硫、铁、锌、硼、铜、钼等。梨树是多年生的木本植物,树冠高大,枝叶繁茂,产量高,需肥量大。据测定,鸭梨每产 100 千克果实,需氮 300 克,五氧化二磷 150 克,氧化钾 300 克。另外,根、枝、叶的生长、花芽分化以及土壤固定、淋失、挥发等,每 667 米^2 产梨 2 500 千克,应施氮 20 千克,五氧化二磷 15 千克,氧化钾 20 千克左右。

梨树对钾、钙、镁需求量大。梨树对钾的需要量与氮相当,对钙的需要量接近氮,对镁的需要量小于磷而大于其他元素。钾不足,老叶叶缘及叶尖变黑而枯焦,降低光合能力,影响果实品质。钙不足,影响氮的新陈代谢和营养物质的运输,使根系生长不良,新梢嫩叶上形成褪绿斑,叶尖和叶缘向下卷曲,果实顶端黑腐。缺镁,老叶叶缘及叶脉间部分黄化,与叶脉周围的绿色形成鲜明对比。钾在土壤中易淋洗流失,而酸性较大的红壤地又缺氮少钙,因此施肥时要注意增施钾肥和钙肥,果实生长期要喷施镁肥。

梨树树体内前一年储藏营养的多少直接影响梨树树体当年的营养状况,包括萌芽开花的一致性,坐果率的高低及果实的生长发育。当年储藏营养物质的多少又直接影响梨树翌年的生长和开花结果,管理不当极易形成大小年。

不同树龄的梨树对养分的需求规律不同。梨树幼龄树需要的主要养分是氮和磷,特别是磷素,其对植物根系的生长发育具有良好的作用。建立良好的根系结构是梨树树冠结构良好、健壮生长的前提。成年树对营养的需求主要是氮和钾,特别是由于果实的采收带走了大量的氮、钾和磷等营养元素,若不能及时补充则将严重影响梨树翌年的生长及产量。

有机质含量多少是判断土壤肥力的重要标志,也是果树生长良好的重要条件。梨树平衡施肥技术中有机肥是基础(李赛慧,2006),它不仅含有梨树生长所需的各种营养元素,还可改良土壤结构,增加土壤的养分缓冲能力和保水能力,改善土壤通透性。目前,我国果园的有机质含量一般只有 $1\%\sim2\%$,多数果树应以 $3\%\sim5\%$ 为宜。增加和保持土壤有机质含量的方法:翻压绿肥,增施厩肥、堆肥、土杂肥和作物加工废料,地面覆盖等。

2. 施　肥

(1)采后施肥　有机肥应在采收后及时施用,此时是秋根生长高峰,能使伤根早愈合,并促发大量新的吸收根,同时秋叶光合作用比较强,能增加树体储藏营养水平,提高花芽质量和枝芽充实度,从而提高抗寒力,对翌年萌芽、展叶、开花、坐果及幼果的生长十分有利。秋施的有机肥,经过冬春腐熟分解,肥效能在翌年春养分最紧张的时期(4~5月份营养临界期)得到最好的发挥。而若冬施或春施,肥料来不及分解,等到雨季后才能分解利用,反而造成秋梢旺长去争夺大量养分,中短枝养分不足,成花少、储藏营养水平低、不充实、易受冻害。施肥量,一般3~4年生树每667米^{2}施有机肥1 500千克以上,5~6年生树每667米^{2}施2 000千克。施有机肥的同时,还可掺入适量的磷肥或优质果树专用肥。盛果期施肥时按果肥比1:2~3的比例施用。

(2)土壤追肥　土壤追肥又称根际追肥,是在施有机肥基础上进行的分期供肥措施。梨树各种器官的生长高峰期集中,需肥多,供肥不及时,常会引起器官之间的养分争夺,影响展叶、开花、坐果等(农家肥属于慢性肥,不宜施用)。所以,应按梨树需肥规律及时追补,缓解矛盾。

(3)花前追肥 花前追肥,一般在 3 月上中旬进行。目的是补充开花消耗的大量矿质营养,不致因开花而造成供肥不足,出现严重落花落果。施肥种类应以氮肥为主,初结果梨树每株(5~7 年生,下同)视树冠大小,施尿素 0.15~0.2 千克;成年结果大树,每株施尿素 0.5~0.8 千克,沟施、穴施均可,施后及时灌水。如果年前秋施基肥充足,树体营养充足,则此次花前追肥可以免去不施。

(4)落花后施肥 落花后施追肥是指生理落果以后(即幼果停止脱落后)进行的追肥。目的是为了缓解树体营养生长和生殖生长的矛盾。追肥以氮肥为主,配以少量磷、钾肥。如果施肥采用的是尿素、过磷酸钙、氯化钾肥的混合肥,其配施肥料实物重量比可采用 2∶2∶1 的比例。初结果梨树每株施用混合肥料 0.2~0.3 千克;成年结果大树,每株施尿素 0.5~0.8 千克,施肥后灌水。

(5)果实膨大期追肥 果实膨大期追肥,目的是促进果实正常生长,果实快速膨大。追肥时期为 7 月中下旬。施肥种类应以磷、钾肥为主,配以少量氮肥。果实膨大期,需磷、钾肥数量明显增加。氮、磷、钾肥料若采用尿素、过磷酸钙和氯化钾肥,其使用比例为 0.3∶1∶1.5。初结果梨树每株施用混合肥料数量为 0.3~0.4 千克,个别结果较多的树,可以施用 0.5 千克。成年结果大树,每株可施 1~1.5 千克,最好分 2 次追施,追肥后灌水。

(6)根外追肥 根外追肥是把营养物质配成适宜浓度的溶液,喷到叶、枝、果面上,通过皮孔、气孔、皮层,直接被果树吸收利用。这种方法具有省工省肥、肥料利用率高、见效快、针对性强的特点。适于中、微量元素肥料,以及树体有缺素症的情况下使用。根外追肥仅是一种辅助补肥的办法,不能代替土壤施肥。

根外追肥浓度一般控制在 0.2％～2％。肥料混合时要注意溶液的浓度和酸碱度，一般情况下溶液 pH 值在 7 左右利于叶部吸收。为了提高叶面肥的吸收效果，在配制叶面肥时，可在叶面肥中添加适量的活性剂。常用活性剂有：中性肥皂或质量较好的洗涤剂，一般活性剂的加入量为肥液量的 0.1％。叶面施肥最好选在风力不大的傍晚、阴天或晴天的下午进行，这样可以延缓肥液的蒸发。喷施叶面肥应该做到雾滴细小，喷施均匀，尤其要注意多喷洒生长旺盛的上部叶片和叶片的背面，因为新叶比老叶、叶片背面比正面吸收养分的速度更快，吸收能力更强。

（二）梨缺素症及防治

1. 缺氮症状及防治方法

（1）症状　一般当年生春梢成熟叶片含氮量低于 1.8％时为缺氮，含氮量 2.3％～2.7％为适量，大于 3.5％为过剩。在大多数植物中，氮素不足表现特征为叶片一致变黄。初期表现为生长速率显著减退，新梢延长受阻，结果量减少；叶绿素合成降低、类胡萝卜素出现，叶片呈现不同程度的黄色。由于氮可从老叶转移到幼叶，所以缺氮症状首先表现在老叶上。梨树缺氮，早期表现为下部老叶褪色，新叶变小，新梢长势弱。缺氮严重时，全树叶片不同程度均匀褪色，多数呈淡绿至黄色，老叶发红，提前落叶；枝条老化，花芽形成减少且不充实；果实变小，果肉中石细胞增多，产量低，成熟提早。落叶早，花芽、花及果均少，果也小。但果实着色较好。

（2）防治方法　施肥方法可采用土壤施肥或根外追肥，尿素作为氮素的补给源，已普遍应用于叶面喷布，但应当注意选用缩二脲含量低的尿素，以免产生药害。具体方法：一是按每株每年 0.05～0.06 千克纯氮，或按每 100 千克果 0.7～1 千克纯氮的指标要求，于早春至花芽分化前，将尿素、碳酸氢铵等氮肥开沟施入地下 30～60 厘米处;二是在梨树生长季的 5～10 月间可用 0.3%～0.5%尿素溶液结合喷药进行根外追肥,一般 3～5 次即可。

2. 缺磷症状及防治方法

(1)症状 叶分析酸溶性磷含量 0.05%～0.55%为适宜范围,含量 0.14%为最佳值。梨树早期缺磷无明显症状表现。果树中、后期缺磷,植株生长发育受阻、生长缓慢,抗性减弱,叶片变小、稀疏,叶色呈暗黄褐色至紫色、无光泽,早期落叶;新梢短。严重缺磷时,叶片边缘和叶尖焦枯,花、果和种子减少,开花期和成熟期延迟,果实产量低。磷在树体内的分布是不均匀的,根、茎的生长点较多,幼叶比老叶多,果实和种子中含磷最多。当磷缺乏时,老叶中的磷可迅速转移到幼嫩的组织中,甚至嫩叶中的磷也可输送到果实中。过量施用磷肥会引起树体缺锌,这是由于磷肥施用量增加,提高了树体对锌的需要量。喷施锌肥也有利于树体对磷的吸收。

常见缺磷的土壤有:高度风化、有机质缺乏的土壤;碱性土或钙质土,磷与钙结合使磷有效性降低;酸性过强,磷与铁和铝生成难溶性化合物等。土壤干旱缺水、长期低温会影响磷的扩散与吸收;氮肥使用过多,而施磷不足,营养元素不平衡,容易出现缺磷症状。梨树磷元素过剩一般很少见,主要是盲目增施磷肥或一次性施磷过多造成的。

(2)防治方法 磷素缺乏的防治方法有地面撒施与叶面喷施磷肥。磷肥种类的选择如下:对中性土、碱性土,常采用水溶性成分高的磷肥;酸性土壤适用的磷肥类型较广泛;厩肥中含有持久性较长的有效磷,可在各种季节施用。叶面喷施常用的磷肥类型有 0.1%～0.3%磷酸二氢钾、草木灰或过磷酸钙浸出液。

3. 缺钾症状及防治方法

(1)症状 梨树植株当年春梢营养枝的成熟叶,全钾含量低于 0.7%时为钾素缺乏,1.2%～2%为适量。梨树缺钾初期,老叶叶尖、边缘褪绿,新梢纤细,枝条生长很差,抗性减弱。缺钾中期,植株下部成熟叶片由叶尖、叶缘逐渐向内焦枯,呈深棕色或黑色"灼伤状",整片叶形成杯状卷曲或皱缩,果实常不能正常成熟。缺钾严重时,所有成熟叶片叶缘焦枯,整个叶片干枯后不脱落、残留在枝条上;此时,枝条顶端仍能生长出部分新叶,发出的新叶边缘继续枯焦,直至整个植株死亡。

缺钾症状最先在成熟叶片上表现,幼龄叶片不表现症状。若不采取措施,症状会逐渐扩展到更多的成熟叶片。幼龄叶片发育成熟后,也依次表现出缺钾症状。完全衰退的老叶,则表现出最明显的缺钾症状。

通常发生缺钾的土壤种类有:江河冲积物、浅海沉积物发育的轻沙土,丘陵山地新垦的红黄壤,酸性石砾土,泥炭土,腐殖质土等。土壤干旱时,钾的移动性差;土壤积水,根系活力低,钾吸收受阻;树体连续负载过大时,土壤钾素营养会亏缺;土壤施入钙、镁元素过多时,会造成与钾拮抗等,均容易发生植株缺钾现象。

(2)防治方法 防治土壤缺钾,通常采用土壤施用钾肥的方法。氯化钾、硫酸钾是最为普遍应用的钾肥,厩肥也是钾素很好的来源。根外喷施充足的含钾的盐溶液,也可达到较好的防治效果。土壤施用钾肥,主要是在植株根系范围内提供足够的钾素,使之对植株直接有效。要注意防止钾在黏重的土壤中被固定,或在沙质土壤中淋失。缺钾具体补救措施:在果实膨大及花芽分化期,沟施硫酸钾、氯化钾、草木灰等钾肥;生长季的5~9月间,用0.2%~0.3%磷酸二氢钾或0.3%~0.5%硫酸钾溶液结合喷药进行根外追肥,一般3~5次即可。梨园行间覆盖作物秸秆等,可有效促进钾素循环利用,缓解钾素的供需矛盾。控制氮肥的过量施用,保持养分平衡;完善梨园排灌设施,南方多雨季节注意排涝,干旱地区及时灌水等;对防治梨园缺钾症状出现具有重要意义。

4. 缺镁症状及防治方法

(1)症状 枝条中部叶片全镁含量低于 0.2% 时为缺镁，0.3%～0.8% 为适宜，高于 1.1% 为过量。梨树缺镁初期，成熟叶片的中脉两侧脉间失绿，失绿部分会由淡绿变为黄绿色直至紫红色斑块，但叶脉、叶缘仍保持绿色。缺镁中后期，失绿部分会出现不连续的串珠状，顶端新梢的叶片上也出现失绿斑点。严重缺镁时，叶片中部脉间发生区域坏死，坏死区域比在苹果叶上的表现稍窄，但界限清楚。新梢基部叶片枯萎、脱落后，会向上部叶片扩展，最后只剩下顶端少量薄而淡绿的叶片。镁在树体内能够循环再利用，缺镁严重而落叶的植株，仍能继续生长。

镁元素缺乏，常常发生在温暖湿润、高淋溶的沙质酸性土壤，质地粗的河流冲积土，花岗岩、片麻岩、红色黏土发育的红黄壤，含钠量高的盐碱土及草甸碱土。偏施铵态氮肥、过量施用钾肥、大量使用石灰等，均容易出现缺镁现象。

(2)防治方法 缺镁的防治，通常采用土壤施用或叶面喷施氯化镁、硫酸镁、硝酸镁的方法。采取土施时，每株施 0.5～1 千克；也可叶面喷施 0.3% 氯化镁、硫酸镁或硝酸镁，每年 3～5 次。

5. 缺钼症状及防治方法

(1)症状 缺钼首先从老叶或茎的中部叶片开始，幼叶及生长点出现症状较迟，缺钼严重时可导致整株死亡。一般表现为叶片出现黄色或橙黄色大小不一的斑点，叶缘向上卷曲呈杯状，叶肉残缺或发育不全，脱落。缺钼与缺氮相似，但缺钼叶片易出现斑点，边缘发生焦枯，并向内卷曲，组织失水而萎蔫。

一般缺钼发生在酸性土壤上，淋溶强烈的酸性土，锰浓度高，易引起缺钼。此外，过量施用生理酸性肥料会降低钼的有效性；磷不足、氮量过高、钙量低，也易引起缺钼。

(2)防治方法 缺钼防治有效方法是喷施 0.01%～0.05% 钼酸铵溶液，为防止新叶受药害，一般在幼果期喷施。对缺钼严重

的植株,可加大药的浓度和次数,可在 5 月、7 月、10 月各喷施 1
次 0.1%～0.2%钼酸溶液,叶色可望恢复正常。对强酸性土壤梨
园,可采用土施石灰防治缺钼;通常每 667 米^2 施用钼酸铵 22～40
克,与磷肥结合施用效果更好。

6. 缺钙症状及防治方法

(1)症状　钙是树体中不易流动的元素,因此老叶中的钙比
幼叶多,而且叶片不缺钙时,果实仍可能表现缺钙。梨树当年生
枝条中部完整叶片的全钙含量低于 0.8%为钙缺乏,全钙含量
1.5%～2.2%为适宜范围。

梨树缺钙早期,叶片或其他器官不表现外部症状,但根系生
长差,随后出现根腐,缺钙时根系受害症状表现早于地上部。缺
钙初期,幼嫩部位先表现生长停滞、新叶难抽出,嫩叶叶尖、叶缘
粘连扭曲、畸形。严重缺钙时,顶芽枯萎,叶片出现斑点或坏死斑
块,枝条生长受阻,幼果表皮木栓化,成熟果实表面出现枯斑。

多数情况下,叶片并不显示出缺钙症状,而果实表现缺钙,出
现多种生理失调症。例如,苦痘病、裂果、软木栓病、痘斑病、果肉
坏死、心腐病、水心病等,特别是在高氮低钙的情况下发病更多。
缺钙会降低果实贮藏性能,如梨果贮藏期的"虎皮病""鸡爪病"等。

容易出现缺钙现象的土壤是:酸性火成岩、硅质砂岩发育的
土壤;高雨量区的沙质土,强酸性泥炭土;由蒙脱石风化的黏土;
交换性钠、pH 值高的盐碱土等。

过多使用生理酸性肥料,如氯化铵、氯化钾、硫酸铵、硫酸钾
等,或在病虫防治中,经常使用硫磺粉,均会造成土壤酸化,促使
土壤中可溶性钙流失;有机肥施用量少,或沙质土壤有机质缺乏
时,土壤吸附保存钙素能力弱。上述情况下,梨树都很容易发生
缺钙现象。此外,干旱年份土壤水分不足、土壤盐分浓度大时,根
系对钙的吸收困难,也容易出现缺钙症状。

(2)防治方法　防治酸性土壤缺钙,通常可施用石灰(氢氧化

钙)。施用石灰不但能防治酸性土壤缺钙,而且可增加磷、钼的有效性,增进硝化作用,改良土壤结构。倘若主要问题仅是缺钙,则可施用石膏、硝酸钙、氯化钙均可获得成功的效果。

梨树缺钙具体防治方法,可在落花后 4～6 周至采果前 3 周,于树冠喷布 0.3％～0.5％硝酸钙液,15 天左右 1 次,连喷 3～4 次。果实采收后用 2％～4％硝酸钙溶液浸果,可预防贮藏期果肉变褐等生理性病害,增强果实耐贮性。

7. 缺硼症状及防治方法

(1) 症状 梨树植株成熟叶片硼含量小于 10 毫克/千克时为缺乏,20～40 毫克/千克时为适量,大于 40 毫克/千克时为过剩。梨树缺硼时,首先表现在幼嫩组织上,叶变厚而脆,叶脉变红,叶缘微上卷,出现"簇叶"现象。严重缺硼时,叶尖出现干枯皱缩,春天萌芽不正常,发出纤细枝后随即就干枯,顶芽附近呈簇叶多枝状;根尖坏死,根系伸展受阻;花粉发育不良,坐果率降低,幼果果皮木栓化,出现坏死斑并造成裂果;秋季新梢叶片未经霜冻,呈现紫红色。缺硼植株的果实出现"软心"或干斑,形成"缩果病",有时果实有疙瘩并表现裂果,果肉干而硬、失水严重,风味差,品质下降。萼洼端石细胞常增多,有时果面出现绿色凹陷,凹陷的皮下果肉有木栓化组织。果实经常未成熟即变黄,转色程度参差不齐。植株缺硼严重时会出现树皮溃烂现象。

(2) 防治方法 石灰质碱性土,强淋溶的沙质土,耕作层浅、质地粗的酸性土,是最常发生缺硼的土壤种类。天气干旱时,土壤水分亏缺,硼的移动性差、吸收受到限制,容易出现缺硼症状。氮肥过量施用,也会引起氮素和硼素比例失调,梨树缺硼加重。防治土壤缺硼常用土施硼砂、硼酸的方法,因硼砂在冷水中溶解速度很慢,不宜供喷布使用。梨树缺硼时,可用 0.1％～0.5％硼酸溶液喷布,通常能获得较满意的效果。

8. 缺锌症状及防治方法

(1)症状　当梨树植株成熟叶片全锌含量低于 10 毫克/千克时为缺乏,全锌含量 20～50 毫克/千克为适宜。梨树缺锌表现为发芽晚,新梢节间变短,叶片变小变窄,叶质脆硬,呈浓淡不均的黄绿色,并呈莲座状畸形。新梢节间极短,顶端簇生小叶,俗称"小叶病"。病枝发芽后很快停止生长,花果小而少,畸形。由于锌对叶绿素合成具有一定作用,因此树体缺锌时,有时叶片也发生黄化。严重缺锌时,枝条枯死,果树产量下降。

发生缺锌的土壤种类主要是有机质含量低的贫瘠土与中性或偏碱性的钙质土,前者有效锌含量低、供给不足,后者锌的有效性低。长期重施磷酸盐肥料的土壤,易导致锌被固定而难以被果树吸收;过量施用磷肥会造成梨树体内磷、锌比失调,降低了锌在植株体内的活性,表现出缺锌症;施用石灰的酸性土壤,易出现缺锌症状;氮肥易加剧缺锌现象。

(2)防治方法　缺锌的防治可采用叶面喷施锌盐、土壤施用锌肥、树干注射含锌溶液及主枝或树干钉入镀锌铁钉等方法,均能取得不同程度的效果。梨园种植苜蓿,也有减少或防止缺锌的趋势。根外喷施硫酸锌,是矫正梨树缺锌最为常用且行之有效的方法。生长季节可于叶面喷施 0.5% 硫酸锌溶液,休眠季节喷施 2.5% 硫酸锌溶液。土壤施用锌螯合物,成年梨树每株 0.5 千克,对防治缺锌最为理想。

9. 缺铁症状及防治方法

(1)症状　在梨树植株成熟叶片中,铁含量低于 20 毫克/千克为铁缺乏,含量 60～200 毫克/千克为适宜范围。梨的缺铁症状和苹果相似,首先是嫩叶的整个叶脉间失绿,而主脉和侧脉仍保持绿色。缺铁严重时,叶片变成柠檬黄色,再逐渐变白,而且有褐色不规则的坏死斑点,最后叶片从边缘开始枯死。树上普遍表现缺铁症状时,枝条细,发育不良,并可能出现梢枯现象。梨树比苹果树更易因石灰过多而导致缺铁失绿。

植株缺铁初期，叶片轻度褪绿，此时很难与其他缺素褪绿区分开来；中期表现为叶脉间褪绿，叶脉仍为绿色，两者之间界限分明，这是诊断植株缺铁的典型症状；褪绿症状严重时，叶肉组织常因失去叶绿素而坏死，坏死范围大的叶片会脱落，有时会出现较多枝条全部落叶的情况。落叶后裸露的枝条可保持绿色达几周时间，如铁素供应增加，还会发出新叶，否则枝条枯死。若不采取补救措施，则缺铁症可一直发展到一个主枝甚至整个植株死亡。

经常发生缺铁的土壤类型是碱性土壤，尤其是石灰质土壤和滨海盐土；土壤有效锰、锌、铜含量过高时，对铁的吸收有拮抗作用；重金属含量高的酸性土壤也易缺铁。土壤排水不良、湿度过大、温度过高或过低、存在真菌或线虫危害等，都会使石灰性土壤累积大量碳酸氢根离子（HCO_3^-），使铁元素被固定，从而造成或加重梨树缺铁现象。磷肥使用过量会诱发缺铁症状，主要有两个方面的原因：一是土壤中存在大量的磷酸根离子可与铁结合形成难溶性磷酸铁盐，不利植株根系吸收；二是梨树吸收了过量的磷酸根离子后，与树体内的铁结合形成难溶性化合物，既阻碍了铁在植株内的运输，又影响铁参与正常的生理代谢。

(2)防治方法　在梨树生产中，通常采用改良土壤、挖根埋瓶、土施硫酸亚铁或叶面喷施螯合铁等方法防治缺铁黄化症，但多因效果不明显或成本过高，未能大面积推广。一些自流输液装置，常因输入速度较慢、二价铁易被氧化，矫治效果不明显，且操作不太方便，应用尚未普及。

朱立武对砀山酥梨的试验表明，休眠期树干注射是防治缺铁黄化症的有效方法。先用电钻在梨树主干上钻1～3个小孔，用强力树干注射器按缺铁程度注入0.05％～0.1％酸化硫酸亚铁溶液（pH值为5～6）。注射完后把树干表面的残液擦拭干净，再用塑料条包裹住钻孔。一般6～7年生树每株注入0.1％硫酸亚铁

15 千克,30 年生以上的大树注入 50 千克。注射之前应先做剂量试验,以防发生药害。

10. 缺硫症状及防治方法

(1)症状 梨树植株成熟叶片全硫(S)含量低于 0.1% 为硫缺乏,在 0.17%~0.26% 时为适量范围。梨树缺硫时,幼嫩叶片首先褪绿变黄,失绿黄化的色泽均匀、不易枯干,成熟叶片叶脉发黄,有时叶片呈淡紫红色;茎秆细弱、僵直;根细长而不分枝;开花结果时间延长,果实减少。缺硫严重时,叶细小,叶片向上卷曲、变硬、易碎、提早脱落。

缺硫症状极易与缺氮症状混淆,但二者首先失绿的部位表现不同。缺氮首先表现在老叶,老叶症状比新叶重,叶片容易干枯。而硫在植株中较难移动,因此缺硫时,首先在叶片幼嫩部位出现症状。

缺硫常见于质地粗糙的沙质土壤和有机质含量低的酸性土壤。降水量大、淋溶强烈的梨园,有效硫含量低,容易表现硫素缺乏。此外,远离城市、工矿区的边远地区,雨水中含硫量少;天气寒冷、潮湿,土壤中硫的有效性会降低;长期不用或少用有机肥、含硫肥料和农药,均可能出现缺硫症状。

(2)防治方法 缺少硫则蛋白质形成受阻,而非蛋白质态氮却有所积累,因而影响到体内蛋白质的含量,最终影响作物的产量。当作物缺硫时,即使其他养分都供给充足,增产的潜能也不能充分发挥。当梨树发生缺硫时,每公顷可施用 30~60 千克硫酸铵、硫酸钾或硫磺粉进行防治。叶面喷肥可用 0.3% 硫酸锌、硫酸锰或硫酸铜溶液进行喷施,5~7 天喷 1 次,连续喷 2~3 次即可。

11. 缺锰症状及防治方法

(1)症状 梨树植株叶片锰含量低于 20 毫克/千克时为缺锰,60~120 毫克/千克时为适量,含量大于 220 毫克/千克为锰过剩。梨树缺锰初期,新叶首先表现失绿,叶缘、脉间出现界限不明显的黄色斑点,但叶脉仍为绿色且多为暗绿色,失绿往往由叶缘开始发生。缺锰后期,树冠叶片症状表现普遍,新梢生长量减小,影响植株生长和结果。严重缺锰时,根尖坏死,叶片变薄脱落,失绿部位常出现杂色斑点,变为灰色甚至苍白色,枝梢光秃、枯死,甚至整株死亡。

耕作层浅、质地较粗的山地石砾土上淋溶严重,有效锰供应不足,容易缺锰;石灰性土壤,由于 pH 值高,降低了锰元素的有效性,常出现缺锰症。大量使用铵态氮肥、酸性或生理酸性肥料,会引起土壤酸化,使土壤水溶性锰含量剧烈增加,发生锰过剩症;一般锰元素过剩发生在土壤 pH 值在 5～5.5。如果土壤渍水,还原性锰增加,也容易促发锰过剩症。

(2)防治方法 梨树出现缺锰症状时,可在树冠喷布 0.2%～0.3%硫酸锰液,15 天喷 1 次,共喷 3 次左右。土壤施锰应在土壤内含锰量极少的情况下施用,可将硫酸锰混合在有机肥中撒施。土壤施石灰或铵态氮,都会减少锰的吸收量,也可以以此法来矫正锰元素过剩症状。

(三)配方施肥技术

自德国化学家李比希提出"矿质营养学说"以来,化肥已经成为农业生产不可缺少的一部分。化肥的施用一方面提高了作物的产量,保证了人类对粮食的需求;另一方面也给生态环境造成了一定的负面影响。现代农业面临的一个重要问题,就是如何使化肥在农业生产中最大化地发挥增产作用,又使化肥对生态环境的负面效应最小化。解决这一问题的根本途径是在农业生产中建立一套科学的施肥体系,测土配方施肥正是科学施肥技术之一。

1. 作　用

(1)保证粮食安全 随着我国经济的飞速发展、人口增长及人民生活水平的不断提高,粮食需求不断膨胀,而另一方面我国的耕地面积正不断减少。为保证粮食安全,必须提高单位面积产量。在化肥短缺的年代,只要施肥就能增产,没有注意"合理"的问题。随着化肥产量的增加,如何选择、如何施用,就成了农业生产的一个重要问题。只有通过土壤养分测定,根据作物需要,正确确定施用化肥的种类和用量,才能持续稳定的增产,保证粮食安全。

(2)节本增收　肥料投入约占农业生产资料投入的50%,但施入土壤中的化学肥料利用率较低,如氮肥的当季利用率为30%～50%,磷肥为20%～30%,钾肥为50%左右。未被作物吸收利用的肥料,在土壤中会出现挥发、淋溶和被固定等问题。肥料的损失很大程度上与不合理施肥有关。测土配方施肥能有效控制化肥用量和比例,达到降低成本、增产增收的目的。实施测土配方施肥,氮肥利用率可提高10%以上,磷肥利用率可提高7%～10%,钾肥利用率可提高7%以上(张福锁,2009)。2007年全国推广应用测土配方施肥4 300万公顷,减少了不合理施肥量110多万吨(折纯量)(高祥照,2008)。

测土配方施肥节本增收的作用具体表现在:一是调肥增产,即不增加化肥投资,只调整氮、磷、钾等肥料比例,就可达到增产增收;二是减肥增产,在高肥高产地区,通过适当减少肥料用量而达到增产和平产效果。

(3)改善果实品质　测土配方施肥能促使作物平衡吸收养料,抗逆性明显增强,病虫害明显减少,并能提高产量、改善农产品品质。例如,增施钾肥的水果,甜度增加,糖酸比明显提高。实行测土配方施肥,一般来说,常规大宗作物可增产8%～15%,水果等经济特产作物可增产20%左右。每667米^{2}的节本增效均在30元以上。

(4)节约资源,保护生态,培肥地力　2007年,我国化肥施用总量达5 000多万吨(纯养分),我国耕地面积不到世界的9%,化肥的消费量却占了世界的1/3。肥料是资源依赖型产品,每生产

1吨合成氨约需要 1 000 米³ 天然气或 1.5 吨原煤（尤向阳，2005）。氮肥的生产是以消耗大量的能源为代价的，同样磷肥的生产也需要有磷矿，目前我国钾肥约 70% 依赖于进口。所以，采用测土配方施肥技术，以提高肥料的利用率也是构建节约型社会的具体体现。

当前，农田肥料利用率仅为 30% 左右，而发达国家为 50%～60%。也就是说，农民习惯施用的化肥，有 70% 左右浪费掉了。这些浪费的肥料随雨水流入沟渠、河塘，水质随之变差，甚至部分地区农村地下水都不能直接饮用了，生态环境同时遭到破坏。由于化肥施用不合理，有机肥施用不足，使土壤缺素加重，肥力下降，土壤结构变坏、板结，通透性降低，而且土壤保水、保肥性能减弱。甚至有些地区，由于过量施肥，土壤会酸化和盐碱化，作物不能正常生长，造成耕地土壤质量恶化。施肥不合理，会使土壤肥力降低，作物营养不平衡，导致农产品品质下降。测土配方施肥可改善土壤中养分比例失衡状况，改善土壤团粒结构，达到培肥地力的效果。

(5) 利于科学用肥　现阶段，农民施肥不科学，多靠习惯和经验施肥，主要是"重氮磷肥、轻有机肥、忽视钾肥和微肥"，施肥比例长期严重失调。具体表现形式：一是长期偏施氮肥，用碳酸氢铵、过磷酸钙作基肥，尿素作追肥，基本上不施钾肥，肥料用量大但产量不高；二是购买使用的复合肥配方与作物需求不符，比例不合理，效果不好；三是农家肥、有机肥施用太少，很多地方农民甚至不用农家肥、有机肥；四是忽视了硼肥、锌肥等微肥的使用。以上这些状况已经成为发展现代优质、高效农业的重要障碍。配方施肥能有效改善农民用肥的盲目性，指导农民科学用肥。

2. 方法与步骤　配方施肥包括"测土、配方、配肥、供肥、施肥"五个核心环节。土壤取样是土壤测试能否获得成功的关键，但又往往最易被人们所忽视。正确的田间取样是测土施肥体系中一个重要环节,取样是否具有代表性会严重影响测土的精确性。目前,国内对于方形或近方形的耕地采用十字交叉多点取样,对于长形或近长形的地块采用折线取样,对于不规则耕地则依地形地貌分割成若干近方形和近长形的地块,再按方形或长形地块的形式取样。黄德明(1993)根据对不同面积土壤取样点数的合理分配研究,提出了平原地区适宜的取样点数(表7-1)。

表 7-1　不同面积标准差估算的取样点数

面积(公顷)	0.13~0.26	13.33	33.33	66.66	100
取样点数	8~12	15~20	20~25	25~30	30~40

注:各养分的取样点数相同。

取样深度也很重要,取样深度应与作物根系密集区相适应。一般取样深度为 15~30 厘米,对根深的作物可取至 50 厘米的深度。用作分析的混合土壤样品,要以 10 个以上样点的土壤混合均匀,然后采用十字交叉法缩分,保留 1 千克左右土样供分析化验。取样时应注意避开追肥时期和追肥位置。因为农田土壤养分含量水平有一定的稳定性,所以并不需要每年采取土样分析。一般氮、磷、钾和有机质等可 3 年分析 1 次,微量元素可 5 年分析1 次。

取土过程须调查农户及取样的田间基本情况,在每个取样点代表区域内选择 5~10 个农户及其田块,调查记载种植作物、产量水平、施肥品种与数量、灌溉水源、土壤类型及取样地点等基本情况。

(1)土壤有效养分测定　在我国的测土施肥技术中,土壤全氮测定采用凯氏法。土壤碱解氮采用碱解扩散法,碱解氮所含的土壤含氮物质主要是交换性铵态氮(NH_4^+—N)、酰胺态氮和氨基糖态氮等较易分解的含氮物质,约占全氮的 10%。北方土壤由于有硝态氮(NO_3^-—N)的存在,碱解扩散时要加还原剂,所以称为

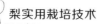

还原碱解氮。

我国土壤有效磷的提取方法主要是：①NaHCO$_3$法（即 Olsen 法），这种提取剂适应范围较广，可用于华北、西北及东北地区一部分的中性至石灰性土壤有效磷的提取，也可用于南方中性至微酸性的土壤。②NH$_4$F-HCl 法（即 Bray 法），此法目前主要用于酸性土壤。

土壤钾素的提取采用中性醋酸铵作为交换性钾的提取剂，用火焰光度计进行测定；也可用四苯硼钠提取，比浊法测定。土壤缓效钾常用提取方法是硝酸煮沸法，土壤缓效钾比较稳定，是不同土壤供钾潜力的良好指标。

（2）配方施肥建议如何提出　根据土壤测试得到的土壤养分状况、所种植果树预计要达到的产量及这种果树的需肥规律，结合专家经验，计算出所需要的肥料种类、用量、施用时期、施用方法等建议。具体方法有以下几种。

第一，丰缺指标法，是根据前人研究所确定的养分"高"、"中"、"低"指标等级确定相应的施肥建议。将土壤养分测定值与氮、磷、钾等养分的分级标准进行比较，以确定测试土壤中该养分是属于"高"、"中"、"低"的哪一级，根据不同级别确定施肥量。一般在"低"级时，施入养分量与作物消耗量的比为 2：1；在"中"级时，施入养分量与作物消耗量的比为 1：1；在"高"级时，不需要施肥。当然在进行施肥指导时，还应根据当地具体条件，如土壤水分含量、秸秆是否还田、有机肥的供应等再适当调整。

第二，目标产量法，是 1960 年美国土壤化肥家提出的，根据作物目标产量要求计算肥料需用量。其公式为：

$$W = (U - Ns)/C \cdot R$$

式中：W 为肥料需要量（千克/公顷）；U 为一季作物的养分总吸收量（千克/公顷），U＝产量×每千克产量的养分需要量；Ns 为土壤供肥量(千克/公顷);C 为肥料养分含量(%);R 为肥料当季利用率(%)。

目标产量的高低受土壤肥力的制约,而土壤的基础产量则反映了土壤肥力水平。因此,目标产量与基础产量之间存在着一定的数量关系。表示这种数量关系的函数式一般为:

$$Y=X/(a+bX)$$

式中:Y 为目标产量;X 为基础产量。

基础产量可通过田间设置不施肥小区来获得,或根据当地前3 年作物平均产量求得。作物养分吸收量是达到一定经济产量所需的养分量。它随产量水平、作物品种、栽培技术,以及土壤、气候条件等因素而变化,在一定品种和栽培条件下,作物养分吸收量的变幅不大,可参考已有的资料确定。不施某种养分小区的作物对该养分的吸收量可视作土壤供肥量。它与土壤有效养分含量之间存在着一定的函数关系,可依此函数算出土壤供肥量。肥料当季利用率依作物种类、肥料品种、土壤类型、气候条件、栽培管理和施肥技术等因素而变化,应根据当地试验数据确定。

在实际应用中,应用一个比较简单的三要素肥力测定试验(表 7-2),加上土壤和植株的分析测定,就可以得出目标产量法需要的各种参数。

表 7-2 肥力测定处理表

处 理	施肥内容
处理 1	空白区(不施肥)
处理 2	无氮区(不施氮,其他肥料施足)
处理 3	无磷区(不施磷,其他肥料施足)
处理 4	无钾区(不施钾,其他肥料施足)
处理 5	全肥区(氮、磷、钾肥料均施足)

　　综上所述,施肥建议的提出应在土壤养分测定的前提下,结合不同作物需肥特点和肥效试验,以及对试验结果的正确判断,使施肥建议尽量科学。

　　3. 注意事项　果树是多年生植物,十几年甚至几十年都生长在固定地点。果树树体的营养生长和生殖生长都具有连续性,果树一般是上一年完成花芽分化,翌年开花、结果。树体当年储存营养物质,对于果树翌年的展叶、开花、坐果、果实前期生长都有很大影响。因此,果树配方施肥也应是多年连续的过程,这就是配方施肥当年肥效不显著的原因之一。

　　(1)树龄差异　幼龄果树需要肥料的数量不大,但对肥料很敏感,可以逐年增加用量,保证磷肥供应充足。结果初期逐步增施磷、钾肥,盛果期要氮、磷、钾合理配合,并加大施肥量,达到稳产高产的目的。老龄期树体开始衰弱,要多施氮肥,促进生长,延长结果期。

　　(2)土壤质地差异　沙质土颗粒粗,孔隙大,通气透水性好,但保水保肥性差,易造成水肥流失,应采取少量多次的方法施肥。黏质土与之相反,保水保肥性强,有机质分解慢,可以适当增大施肥量,减少施肥次数,并应提早施肥。壤土的质地介于沙质土与黏质土之间,最适合果树生长,也是配方施肥最易实施、效果最显著的土壤类型。

　　(3)灌溉条件　肥效好坏,很大程度上由灌溉条件决定。这是因为肥料一般都是固态的,进入土壤被水溶解后,有效养分在溶液状态下才能被根吸收。土壤含水量低于临界值时根系就不能吸收肥料,而且肥料容易挥发;灌溉量大或雨水过大会导致肥料淋失。因此,只有适当的水分条件才能提高肥料利用率。配方施肥时应针对果园的灌溉条件采取不同的施肥技术,原则上施肥后应立即浇水。对于水资源缺乏的果园可以实施分区(隔沟)交替施肥灌溉技术,既节省水肥,又有利于根系产生脱落酸(ABA),

调节气孔开度,控制枝条旺长,提高果实品质。交替施肥灌溉使干旱土壤中的根系遇水生长加速,产生细胞分裂素(CTK),其向上传输会促进花芽分化。旱作果园可以应用穴储肥水地膜覆盖技术,简单易行,投资少,效益高。另外,覆草、盖膜、生草等技术也都有利于保水保肥,提高肥效。

(4)施用有机肥　有机肥不仅含有果树所必需的大量元素和微量元素,还含有丰富的腐殖酸类有机质。配方施肥多施有机肥是果树取得稳产高产的关键一环。长期施用有机肥,可以明显改善土壤团粒结构,降低容重,保水保肥,缓冲性提高,非常有利于提高果实品质。

(四)水肥一体化技术

水肥一体化技术又称为"水肥耦合"、"随水施肥"、"灌溉施肥"等,是将精确施肥与精确灌溉融为一体的农业新技术,作物在吸收水分的同时吸收养分。

1. 优点　水肥一体化技术的优点主要为节水、节肥、省工、优质、高产、高效、环保等。一是该技术与常规施肥相比,可节省肥料 50% 以上。二是比传统施肥方法节省施肥劳力 90% 以上,1 人 1 天即可完成几十公顷土地的施肥,可更灵活、方便、准确地控制施肥时间和数量。三是显著地增加产量和提高品质,通常产量可以增加 20% 以上,果实增大,果形饱满,裂果少。四是应用水肥一体化技术可以减轻病害发生,减少杀菌剂和除草剂的使用,节省成本。五是水肥的协调作用,可以显著减少水的用量,节水量达 50% 以上。

据广西平乐县水果办试验示范结果显示(2009),采用水肥一体化技术后,每 667 米^2 节约灌水人工 5 个工日、施肥人工 5 个工日、中耕除草人工 2.5 个工日。平均每 667 米^2 可节省劳力投资 375 元;每 667 米^2 省电 40 千瓦·时、柴油 50 升,折合 350 元,即每 667 米² 新增纯收入 1 110 元。

2. 技术要点

（1）需建立一套灌溉系统　水肥一体化的灌溉系统可采用喷灌、微喷灌、滴灌、渗灌等。灌溉系统的建立需要考虑果园地形、土壤质地、作物种植方式、水源特点等基本情况，因地制宜。

（2）灌溉制度的确定　根据种植作物的需水量和作物生育期的降水量确定灌水定额。露地微灌施肥的灌溉定额应比大水漫灌减少 50%，保护地滴灌施肥的灌水定额应比大棚畦灌减少 30%～40%。灌溉定额确定后，依据作物的需水规律、降水情况及土壤墒情确定灌水时期、次数和灌水量。

（3）施肥制度的确定　微灌施肥技术和传统施肥技术存在显著的差别。首先根据种植作物的需肥规律、地块的肥力水平及目标产量确定总施肥量、氮磷钾比例及基肥、追肥的比例。作基肥的肥料在整地前施入，追肥则按照不同作物生长期的需肥特性，确定其次数和数量。实施微灌施肥技术可使肥料利用率提高 40%～50%，故微灌施肥的用肥为常规施肥的 50%～60%。

（4）肥料的选择　选择适宜肥料种类。可选液态肥料，如氨水、沼液、腐殖酸液肥。若用沼液或腐殖酸液肥，则必须过滤，以免堵塞管道。固态肥要求水溶性强，含杂质少，如尿素、硝酸铵、磷酸铵、硫酸钾、硝酸钙、硫酸镁等肥料。

（5）灌溉施肥的操作　首先肥料溶解与混匀，施用液态肥料时不需要搅动或混合，一般固态肥料需要与水混合搅拌成液肥，必要时分离，避免出现沉淀等问题。灌溉施肥的程序：第一阶段，选用不含肥的水湿润；第二阶段，施用肥料溶液灌溉；第三阶段，用不含肥的水清洗灌溉系统。

（6）配套技术　实施水肥一体化技术要配套应用作物良种、病虫害防治和田间管理技术，还可因作物制宜，采用地膜覆盖技术，形成膜下滴灌等形式，充分发挥节水、节肥优势，达到提高作物产量、改善作物品质、增加效益的目的。

三、节水灌溉

　　我国是水资源极度缺乏的国家之一,水资源缺乏已成为制约我国农业和农村经济社会发展的重要因素。我国果树栽培面积和产量均居世界首位。果树产业在农民增收和农村经济发展中起着越来越重要的作用。果树产业是我国目前农业种植结构调整的重要组成部分,年产值可达 2 500 多亿元(束怀瑞,2007)。我国的大部分果树是在干旱和半干旱地区栽培,为了实现果树丰产、优质、高效栽培目标,一方面要进行灌溉,另一方面则要注意节水。果树节水栽培主要从两个方面考虑:一方面应减少有限水资源的损失和浪费,另一方面要提高水分利用效率。而采用适当的灌溉技术和合理的灌溉方法,可显著提高水分的利用效率。

　　滴灌系统灌水时一般只湿润作物根部附近的部分土壤,灌水量小,不易产生地表径流和深层渗漏,省水率较高。根据宗福生(1997)在甘肃张掖地区以 8 年生苹果梨为试材进行滴灌试验。滴灌试验区 1 年灌水量为 2 974.5 米³/公顷,而传统的沟灌区 1 年灌水量达 7 500 米³/公顷,滴灌较沟灌节约用水达 60.3%。也就是说,采用滴灌技术,用传统灌溉同样的水量,灌溉面积可扩大 1 倍以上。

(一)小沟灌溉

　　沟灌是在作物行间挖灌水沟进行的灌溉。水从输水沟进入灌水沟后,在流动的过程中主要借毛细管作用湿润土壤。沟灌不会破坏作物根部附近的土壤结构,不会导致田面板结,能减少土壤蒸发损失。但是沟灌时,在重力作用下,可能会产生深层渗漏而造成水浪费。果园小沟节灌技术能增大水平侧渗及加快水流速度,比漫灌节水 65％,是省工高效的地面灌溉技术。

果园小沟节灌技术方法:①起垄,在树干基部培土,并沿果树种植方向形成高 15～30 厘米、上部宽 40～50 厘米、下部宽 100～120 厘米的弓背形土垄。②开挖灌水沟。灌水沟的数量和布置方法:一般每行树挖 2 条灌水沟(树行两边一边一条)。在垂直于树冠外缘的下方,向内 30 厘米处(幼龄树园距树干 50～80 厘米,成年大树园距树干 120 厘米左右)沿果树种植方向开挖灌水沟,并与配水道相垂直。灌水沟的断面结构。③灌水沟采用倒梯形断面结构,上口宽 30～40 厘米,下口宽 20～30 厘米,沟深 30 厘米。④灌水沟长度。沙壤土果园灌水沟最大长度为 30～50 米;黏重土壤果园灌水沟最大长度为 50～100 米。灌水时间及灌水量。在果树需水关键期灌水,每次灌水至水沟灌满为止。

(二)喷 灌

喷灌是利用专门的设备给水加压,并通过管道将有压水送到灌溉地段,通过喷洒器(喷头)喷射到空中散成细小的水滴,均匀地散布在田间进行灌溉的技术。喷灌所用的设备包括动力机械、管道喷头、喷灌泵、喷灌机等(张光和,2008)。喷灌泵:喷灌用泵要求扬程较高,专用喷灌泵为自吸式离心泵。

1. 喷灌机　喷灌机是将喷头、输水管道、水泵、动力机、机架及移动部件按一定配套方式组合的一种灌水机械。目前,喷灌机分定喷式(定点喷洒逐点移动)和行喷式(边行走边喷洒)两大类。对于中小型农户宜采用轻小型喷灌机。

2. 管道　管道分为移动管道和固定管道。固定管道有塑料管、钢筋混凝土管、铸铁管和钢管。移动管道有 3 种:①软管,用完后可以卷起来移动或收藏。常用的软管有麻布水龙带、锦塑软管、维塑软管等。②半软管,这种管子在放空后横断面基本保持圆形,也可以卷成盘状。常用半软管有胶管、高压聚乙烯软管等。③硬管,常用硬管有薄壁铝合金管和镀锌薄壁钢管等。为了便于移动,每节管子不能太长,因此需要用接头连接。

3. 喷头 喷头是喷灌系统的主要部件,其功能是将压力水呈雾滴状喷向空中并均匀地洒在灌溉地上。喷头的种类很多,通常按工作压力的大小分类。工作压力在 200～500 千帕时,射程在 15.5～42 米为中压喷头,其特点是喷灌强度适中,广泛用于果园、菜地和各类经济作物。

4. 注意事项 ①喷灌要根据当地的自然条件、设备条件、能源供应、技术力量、用户经济负担能力等因素,因地制宜加以选用。②水源的水量、流量、水位等应在灌溉设计保证率内,以满足灌区用水需要。③根据土壤特性和地形因素,合理确定喷灌强度,使之等于或小于土壤渗透强度。灌溉强度太大会产生积水和径流;太小则喷水时间长,降低设备利用率。④选用降水特性好的喷头,并根据地形、风向、合理布置喷洒作业点,以提高喷水的均匀度。⑤观测土壤水分和作物生长变化情况,适时适量灌水。

(三)滴 灌

滴灌是滴水灌溉的简称,是将水加压后,通过输水管输送有压水,并利用安装在末级管道(称为毛管)上的滴头将输水管内的有压水流消能,以水滴的形式一滴一滴地滴入土壤中。滴灌对土壤冲击力较小,只湿润作物根系附近的局部土壤。采用滴灌灌溉果树,其灌水所湿润土壤面积的湿润比只有 15%～30%,因此比较省水(于洋,2007)。滴灌系统主要由首部枢纽、管路和滴头 3 部分组成。

1. 首部枢纽 包括水泵(及动力机)、过滤器、控制与测量仪表等。其作用是抽水、调节供水压力与供水量、进行水的过滤等。

2. 管路 包括干管、支管、毛管以及必要的调节设备(如压力表、闸阀、流量调节器等)。其作用是将加压水均匀地输送到滴头。

3. 滴头 安装在塑料毛管上,或是与毛管成一体,形成滴灌带,其作用是使水流经过微小的孔道,使它以点滴的方式滴入土壤中。滴头通常放在土壤表面,也可以浅埋保护。

另外,有的滴灌系统还配肥料罐,其中装有浓缩营养液,可用管子直接连结在控制首部的过滤器前面。

4. 注意事项 ①容易堵塞。一般情况下,滴头水流孔道直径0.5~1.2毫米,极易被水中的各种固体物质所堵塞。因此,滴灌系统对水质的要求极严,要求水中不含泥沙、杂质、藻类及化学沉淀物。②限制根系发展。滴灌只部分湿润土体,而作物根系有向水向肥性,若湿润土体太小或靠近地表,则会影响根系向地下发展,导致作物倒伏;严寒地区的果树可能产生冻害,而其抗旱能力也弱。但这一问题可以通过合理设计和正确布设滴头加以解决。③盐分积累。当在含盐量高的土壤上进行滴灌或利用咸水滴灌时,盐分会积累在湿润区边缘,若遇到小雨,这些盐分可能会被冲到作物根区而引起盐害,这时应继续进行滴灌。在没有充分冲洗条件的地方或是秋季无充足降雨的地方,则不要在高含盐量的土壤上进行滴灌或用咸水滴灌。

(四)微 喷 灌

微喷灌是通过管道系统将有压水送到作物根部附件,用微喷头将灌溉水喷洒在土壤表面进行灌溉的一种新型灌水方法。微喷灌与滴灌一样,也属于局部灌。其优缺点与滴灌基本相同,节水增产效果明显,但抗堵塞性能优于滴灌,而耗能又比喷灌低。同时,微喷灌还具有降温、除尘、防霜冻、调节田间小气候等作用。微喷头是微喷灌的关键部件,单个微喷头的流量一般不超过250毫升/小时,射程小于7米。整个微喷灌系统由水源工程、动力装置、输送管道、微喷头4个部分组成。

1. 水源工程 指为获取水源而进行的基础设施建设,如挖掘水井,修建蓄水池、过滤池等。微喷灌水要求干净,无病菌。水质要求 pH 值中性,杂质少,不堵管道。

2. 动力装置 指吸取水源后产生一定输送喷水压力的装置。包括柴油机(电动机)、水泵、过滤器等。

3. 输送管道 主要包括主干管道、分支管道、控制开关等,为了节省工程开支,一般常用 6 寸或 4 寸 PVC 硬管。为不妨碍地面作业和防盗窃,最好将输送管道埋入地下。

4. 微喷头 微喷装置的终端工作部分,水可通过微喷头喷洒到作物的叶茎上,实现灌溉目的。

第八章

病虫害综合防治

一、措　施

（一）做好预测预报

准确的病虫测报，可以增强防治病虫害的预见性和计划性，提高防治工作的经济效益、生态效益和社会效益，使之更加经济、安全、有效。病虫测报工作所积累的系统资料，可以为进一步掌握有害生物的动态规律，因地制宜地制定最合理的综合防治方案提供科学依据。

预测预报根据其具体目的可分为：①发生期预测，即预测病虫的发生和危害时间，以便确定防治适期。在发生期预测中常将病虫出现的时间分为始见期、始盛期、高峰期、盛末期和终见期。②发生量预测，即预测害虫在某一时期内单位面积的发生数量，以便根据防治指标决定是否需要防治，以及需要防治的范围和面积。③分布预测，即预测病虫可能的分布区域或发生的面积，迁飞性害虫和流行性病害还包括预测其蔓延扩散的方向和范围。④危害程度预测，即在发生期预测和发生量预测的基础上结合果树的品种布局和生长发育特性，尤其是感病、感虫品种的种植比重和易受病虫危害的生育期与病虫盛发期的吻合程度,同时结合气象资料的分析,预测其发生的轻重及危害程度。

(二)加强农业防治

农业防治是利用先进农业栽培管理措施,有目的性地改变某些环境因子,使其有利于果树生长,不利于病虫发生危害,从而避免或减少病虫害的发生,达到保障果树健壮生长的目的。农业防治的很多措施是预防性的,只要认真执行就可大大降低病虫基数,减少化学农药的使用次数,有利于保护利用天敌。因此,农业防治是病虫防治的基础,是必须使用的防治技术。国外有害生物的管理应首先选择农业防治措施,为减少农药的使用量,传统的人工防治法又被重视,如通过剪除枯死芽防治梨黑星病等。通过农业防治措施的实施,可收到"不施农药,胜施农药"的效果。

1. 选择抗逆性强的品种和无病毒苗木 选育和利用抗病、抗虫品种是果树病虫害综合防治的重要途径之一。抗病、抗虫品种不仅有显著的抗、耐病虫的能力,而且还有优质、丰产及其他优良性状。各国十分重视抗病育种与抗病材料的利用,日本通过 γ 射线照射苗木使其产生突变育成的"金二十世纪"品种可高抗梨黑斑病,其 1 年的喷药次数与普通"金二十世纪"相比,大约减少一半。

梨树是多年生植物,被病毒感染后,将终生带毒,使其树势减弱,坐果率下降,盛果年数缩短,导致果实产量和品质降低。此外,病毒侵染还可使植株对干旱、霜冻或真菌病害变得更加敏感。生产中在保证优质的基础上,尽量选用抗逆性强的品种和无病毒苗木,这样植株才会长势强,树体健壮,抗病虫能力强,可以减少病虫害防治的用药次数,为无公害梨的生产创造条件。梨无毒化栽培是当今梨生产发展的主要方向,国外发达国家基本实现了梨的无毒化栽培。

2. 加强栽培管理 病虫害防治与品种布局、管理制度有关。

切忌多品种、不同树龄混合栽植,因为不同品种、树龄病虫害发生种类和发生时期不尽相同,对病虫的抗性也有差异,不利于统一防治。加强肥水管理、合理负载、疏花疏果可提高果树抗虫抗病能力,采用适当修剪可以改善果园通风条件,减轻病虫害的发生。果实套袋可以把果实与外界隔离,减少病原菌的侵染机会,阻止害虫在果实上的危害,也可避免农药与果实直接接触,提高果面光泽度,减少农药残留。梨果套袋后,可有效防治危害果实的食心虫,以及轮纹病、炭疽病等病虫害,可减少农药使用次数 1～3 次,节药 2～3 成。

　　3. 清理果园　果园一年四季都要清理,一旦发现病虫果、枝叶虫苞就要随时清除。冬季清除树下落叶、落果和其他杂草,集中烧毁,消灭越冬害虫和病菌,减少病虫越冬基数。梨树上可剪除带有梨大食心虫(梨云翅斑螟)、梨瘿华蛾、黄褐天幕毛虫卵块、中国梨木虱、金纹细蛾、黄刺蛾茧、蚱蝉卵的梨枝,扫除落叶中越冬黑星病、褐斑病。长出新梢后,及时剪除黑星病的病梢,疏除梨实蜂产卵的幼果。将剪下的病虫枝梢和清扫的落叶、落果集中后带出园外烧毁,切勿堆积在园内或作为果园屏障,以防病虫再次向果园扩散。

　　利用冬季低温和冬灌的自然条件,通过深翻果园,将在土壤中越冬的害虫,如蝼蛄、蛴螬、金针虫、地老虎、食心虫、红蜘蛛、舟形毛虫、铜绿金龟子、棉铃虫等的蛹及成虫,翻至土壤表面冻死或被有益动物捕食。深翻果园还可以改善土壤理化性质,增强土壤冬季保水能力。

　　果树树皮裂缝中隐藏着多种害虫和病菌。刮树皮是消灭病虫的有效措施,刮皮前在树下铺塑料布,将刮除的老翘皮等集中烧毁。刮皮应以秋末、初冬效果最好,最好选无风天气,以免大风把刮下的病虫吹散。刮皮程度应掌握"小树和弱树宜轻,大树和旺树宜重"的原则,轻者刮去枯死的粗皮,重者应刮至皮层微露黄绿色为宜。刮皮要彻底。

对果树主干主枝进行涂白,既可杀死隐藏在树缝中的越冬害虫虫卵及病菌,又可以防治冻害、日灼,延迟果树萌芽和开花,使果树免遭春季晚霜的危害。涂白剂的配制:生石灰 10 份,石硫合剂原液 2 份,水 40 份,黏土 2 份,食盐 1～2 份,加入适量杀虫剂,将以上物质溶化混匀后,倒入石硫合剂和黏土,搅拌均匀后涂抹树干,涂白次数以 2 次为宜。第一次涂在落叶后到土壤封冻前,第二次涂在早春。涂白部位以主干基部为主,直到主、侧枝的分杈处,树干南面及树杈向阳处重点涂,涂抹时要由上而下,力求均匀,勿烧伤芽体。

4. 果园种草和营造防护林 果园行间种植绿肥(包括豆类和十字花科植物),既可固氮、提高土壤有机质含量,又可为害虫天敌提供食物和活动场所,减轻虫害的发生。例如,种植紫花苜蓿的果园可以招引草蛉、食虫蜘蛛、瓢虫、食虫螨等多种天敌。有条件的果园,可营造防护林,改善果园的生态条件,建造良好的小气候环境。

5. 提高采果质量 果实采收时要轻采轻放,避免机械损害。果实采后必须进行商品化处理,防止有害物质对果实的污染,贮藏保鲜和运输销售过程要保持清洁卫生,减少病虫侵染。

(三)搞好物理防治

在梨树病虫害管理过程中,许多物理方法如温度、湿度、光照等对病虫害均有较好的控制作用。物理防治包括捕杀法、诱杀法、汰选法、阻隔法、热力法等。

1. 捕杀法 捕杀法可根据某些害虫(甲虫、黏虫、天牛等)的假死性,人工振落或挖除后将其集中捕杀。

2. 诱杀法 诱杀法是指根据害虫的特殊趋性诱杀害虫。

(1)灯光诱杀 利用黑光灯、频振灯诱杀蛾类、某些叶蝉及金龟子等具有趋光性的害虫。将杀虫灯架设于果园树冠顶部,可诱杀果树各种趋光性较强的害虫,降低虫口基数,并且对天敌伤害小,从而达到防治害虫的目的。杜志辉报道,频振式杀虫灯每台可以控制果园面积 0.87～1 公顷。每 667 米^2 果园平均防虫费用 12.2 元,比常规防治费用降低 25.8 元。

(2)草把诱杀 秋天树干上绑草把,可诱杀美国白蛾、潜叶蛾、卷叶蛾、螨类、康氏粉蚧、蚜虫、食心虫、网椿象等越冬害虫。草把固定场所又是靶标害虫寻找越冬场所的必经之道。所以,草把能诱集绝大多数潜藏在其中越冬的害虫个体。在害虫越冬之前,把草把固定在靶标害虫寻找越冬场所的分枝下部,能诱集绝大多数害虫个体潜藏其中,一般可获得理想的诱虫效果。待害虫完全越冬后到出蛰前解下,集中销毁或深埋,以消灭越冬虫源。

(3)糖醋液诱杀 糖醋液配制:1 份糖、4 份醋、1 份酒、16 份水,并加少许敌百虫。许多害虫如苹小卷叶蛾、食心虫、金龟子、小地老虎、棉铃虫等,对糖醋液有很强的趋性,将糖醋液放置在果园中,每 667 米^2 3～4 盆,盆高一般 1～1.5 米,于生长季节使用,可以诱杀多种害虫。

(4)毒饵诱杀 将吃剩的西瓜皮加点敌百虫放于果园中,可捕获各类金龟子。将麦麸和豆饼粉碎炒香成饵料,每千克加入敌百虫 30 倍液 30 毫升拌匀,放于树下,每 667 米^2 用 1.5～3 千克,每株树干周围一堆,可诱杀金龟子、象鼻虫、地老虎等。特别是对新植果园,应提倡使用。果园种蓖麻可驱除食害花蕾害虫,如苹毛金龟子等。

(5)黄板诱杀 购买或自制黄色板,在板上均匀涂抹机油或黄油等黏着剂,悬挂于果园中,利用害虫对黄色的趋性进行诱杀。一般每 667 米^2 挂 20～30 块,一般高 1～1.5 米,当黏满害虫时(7～10 天),将其板清理并移动 1 次。可利用黄板黏胶诱杀蚜虫、梨茎蜂等。

(6)性诱剂诱杀 性外激素应用于果树鳞翅目害虫防治的较多。其防治作用有害虫监测、诱杀防治和迷向防治3个方面。性诱剂一般是专用的,其种类有苹小卷叶蛾、桃小食心虫、梨小食心虫、棉铃虫等。用性诱芯制成水碗诱捕器诱蛾,碗内放少许洗衣粉,诱芯距水面约1厘米。将诱捕器悬挂于距地面1.5米的树冠内膛,每果园设置5个诱捕器,逐日统计诱蛾量。诱捕到第一头雄蛾的时期即为地面防治适期,可地面喷洒杀虫剂。当诱蛾量达到高峰,田间卵果量达到1%时即是树上防治适期,可树冠喷洒杀虫剂。国外对于苹果蠹蛾、梨小食心虫等害虫主要推广性信息素醚向防治,利用塑料胶条缓释技术,一次释放性信息素即可以控制害虫整个生长期危害。使用性信息干扰剂可大幅度减少杀虫剂的使用量(80%以上)。

3. 阻隔法 阻隔法是指设法隔离病虫与植物的接触以防止病虫危害的方法。例如,拉置防虫网不仅可以防虫,还能阻碍蚜虫等昆虫迁飞传毒;果实套袋可防止几种食心虫、轮纹病等的发生危害;树干涂白可防止冻害并可阻止星天牛等害虫产卵危害。早春铺设反光膜或树干覆草,可防止病原菌和害虫上树侵染,有利于将病虫阻隔、集中诱杀。

（四）强化生物防治

利用有益生物或其代谢产物防治有害生物的方法即为生物防治,包括以虫治虫、以菌治虫、以菌治菌等。生物防治对环境污染少,对非靶标生物无毒害作用,是今后果树病虫害防治的发展方向。生物防治强调树立果园生态学的观点,从当年与长远利益出发,通过各种手段培育天敌,利用天敌控制害虫。如在果树行间种植油菜、豆类、苜蓿等覆盖作物,这些作物上所发生的蚜虫可给果园内草蛉、七星瓢虫等捕食性天敌提供丰富的食物资源及栖息庇护场所,从而增加果树主要害虫的天敌种群数量。使用生物药剂防治病虫,可在天敌盛发期避免使用广谱性杀虫剂,这样既保护天敌,又补充天敌控害的局限性。保护和利用自然界害虫天敌是生物治虫的有效措施,具有成本低、效果好、节省农药、保护环境的优势。

(五)科学使用农药

化学农药防治果树病虫害是一种高效、速效、特效的防治技术,但它存有严重的副作用,如病虫易产生抗性,对人、畜不安全,杀伤天敌等。因此,使用化学农药只能作为病虫重发生时的应急措施,在其他防治措施效果不明显时才可采用。在使用农药时,必须严格执行农药安全使用标准,减少化学农药的使用量,即合理使用农药增效剂,适时打药,均匀喷药,轮换用药,安全施药。

根据防治对象的不同,化学农药可以分为杀虫剂、杀菌剂、杀螨剂、杀线虫剂等。化学农药的施用要遵循以下原则。

1. 正确选用农药 全面了解农药性能、保护对象、防治对象、施用范围。正确选用农药品种、浓度和用药量,避免盲目用药。

(1)禁止使用剧毒、高毒、高残留农药和致畸、致癌、致突变农药 根据中华人民共和国农业部第 199 号公告,国家明令禁止使用六六六、滴滴涕、毒杀芬、二溴氯丙烷、二溴乙烷、杀虫脒、除草醚、艾氏剂、狄氏剂、甘氟、毒鼠强、氟乙酸钠、毒鼠硅、砷类、铅类等 18 种农药,并规定甲胺磷、甲基对硫磷、对硫磷、氧化乐果、三氯杀螨醇、久效磷、磷胺、甲拌磷、甲基异柳磷、特丁硫磷、甲基硫环磷、治螟磷、内吸磷、克百威、涕灭威、灭线磷、硫环磷、蝇毒磷、地虫硫磷、氯唑磷、苯线磷、福美胂等农药不得在果树上使用。

(2)允许使用生物源农药、矿物源农药及低毒、低残留的化学农药 允许使用的杀虫杀螨剂有苏云金杆菌、白僵菌制剂、烟碱、苦参碱、阿维菌素、浏阳霉素、敌百虫、辛硫磷、四螨嗪、吡虫啉、啶虫脒、灭幼脲 3 号、氟啶脲、杀铃脲、扑虱灵、氟虫脲、马拉硫磷、噻螨酮等；允许使用的杀菌剂有中生菌素、多抗霉素、硫酸链霉素、波尔多液、石硫合剂、菌毒清、腐必清、嘧啶核苷类抗菌素、甲基硫菌灵、多菌灵、异菌脲、三唑酮、代森锰锌类、百菌清、氟硅唑、三乙膦酸铝、噁酮·锰锌、戊唑醇、苯醚甲环唑、腈菌唑等。

(3)限制使用中等毒性农药 中等毒性农药品种包括氯氟氰菊酯、甲氰菊酯、S-氰戊菊酯、氰戊菊酯、氯氰菊酯、敌敌畏、哒螨灵、抗蚜威、毒死蜱、杀螟硫磷等。限制使用的农药每种每年最多使用 1 次，安全间隔期在 30 天以上。

2. 适时用药 正确选择用药时机既可以有效地防治病虫害，又不杀伤或少杀伤天敌。果树病虫害化学防治的最佳时期如下。

(1)病虫害发生初期 化学防治应在病虫害初发阶段或尚未蔓延流行之前，即害虫发生量小尚未开始大量取食危害之前。此时防治对压低虫口基数、提高防治效果有事半功倍的效果。

(2)病虫生命活动最弱期 在三龄前的害虫幼龄阶段，虫体小、体壁薄、食量小、活动比较集中、抗药性差。如介壳虫，即可在幼虫分泌蜡质前防治。

(3)害虫隐蔽危害前 在一些钻蛀性害虫尚未钻蛀之前进行防治，如卷叶蛾类害虫应在卷叶之前，食心虫类应在入果之前，蛀干害虫应在蛀干之前或刚蛀干时为最佳防治期。

(4)树体抗药性较强期 果树在花期、萌芽期、幼果期最易产生药害，应尽量不施药或少施药。而在生长停止期和休眠期进行防治效果更好，尤其是病虫越冬期，其潜伏场所比较集中，虫龄也比较一致，有利于集中消灭，且此期果树抗药性强。

(5)避开天敌高峰期 利用天敌防治害虫是既经济又有效的方法，因此在喷药时，应尽量避开天敌发生高峰期，以免伤害害虫天敌。

(6)选好天气和时间 防治病虫害时，不宜在大风天气喷药，也不能在雨天喷药，以免影响药效。同时，也不应在晴天中午用药,以免温度过高使植株产生药害、灼伤叶片。喷药宜选晴天下午4时以后至傍晚进行,此时叶片吸水力强,吸收药液多,防治效果好。

(7)按防治指标防治　山楂叶螨麦收前2头/叶、蚜虫达20%虫梢率时进行防治最为经济有效。

3. 使用方法

(1)使用浓度和液剂喷雾　往往需用水将药剂配成或稀释成适当的浓度,浓度过高会造成药害和浪费,浓度过低则无效。有些非可湿性的或难以湿润的粉剂,应先加入少许水,将药粉调成糊状,然后再加水配制,也可以在配制时添加一些湿润剂。

(2)喷药时间　喷药时间过早会造成浪费或降低防效,过迟则大量病原物已经侵入寄主,即使喷内吸治疗剂也收获不大。因此,应根据发病规律和当时情况,或根据短期预测及时在没有发病或刚刚发病时就喷药保护。

(3)喷药次数　喷药次数主要根据药剂残效期的长短和气象条件来确定,一般隔10～15天喷1次,雨前抢喷,雨后补喷。喷药应考虑成本,节约用药。

(4)喷药质量　当前农药的使用是低效率的,经估算,从施药器械喷洒出去的农药只有25%～50%能够沉积在作物叶片上,在果树上仅有15%左右,不足1%的药剂能沉积在靶标害虫上。大量农药洒落到空气、水、土壤中,不但造成人力、物力的浪费,还造成环境污染。采用先进的施药技术及高效喷药器械,防止药物跑冒滴漏,提高雾化效果,实行精准施药,防止药剂浪费和环境污染,是节本综合防控的关键环节。据国外报道,在喷雾机上采用(少飘)喷头,可使飘移污染减少33%～60%;在喷雾机的喷杆上安装防风屏,可使常规喷杆的雾滴飘移减少65%～81%。根据我国地貌地形、农业区域特点,应使用适于平原地区、旱塬区及高山梯田区的专用高效施药器械,如低量静电喷雾机(节药30%～

40%)、自动对靶喷雾机(节药 50%)、防飘喷雾机(节药 70%)、循环喷雾机(节药 90%)等。同时,要不断改进施药技术,通过示范引导,逐渐使农民改高容量、大雾滴喷洒为低容量、细雾滴喷洒,以提高防治效果和农药利用率。

(5)药害问题　喷药对植物造成药害有多种原因,不同作物对药剂的敏感性也不同。作物的不同发育阶级对药剂的反应也不同,一般幼果和花期容易产生药害。此外,药害与气象条件也有关系,一般以气温和日照的影响较为明显,高温、日照强烈或雾重、高湿都容易引起药害。如果施药浓度过高造成药害,则可喷清水冲去残留在叶片表面的农药。喷高锰酸钾 6 000 倍液能有效地缓解药害;结合浇水,补施一些速效化肥,同时中耕松土,能有效地促进果树尽快恢复生长发育。在药害未完全解除之前,须尽量减少使用农药。

(6)抗药性问题　抗药性是指长期使用农药导致的病虫对一定农药剂量(即可杀死正常种群大部分个体的药量)具有耐受的能力。为避免抗药性的产生,一是要在防治过程中采取综合防治,不单纯依靠化学农药,而是采取农业防治、物理防治、生物防治等综合防治措施,使其相互配合,取长补短。尽量减少化学农药的使用量和使用次数,降低对害虫的选择压力。二是要科学地使用农药,首先加强预测预报工作,选好对口农药,抓住关键时期用药。同时,采取隐蔽施药、局部施药、挑治等施药方式,保护天敌和少量敏感害虫,使抗性种群不易形成。三是选用不同作用机制的药剂交替使用、轮换用药,避免单一药剂连续使用。四是将不同作用机制的药剂混合使用,或现混现用,或加工成制剂使用。另外,注意增效剂的利用。

三、主要病害

（一）梨园病害

1. 梨腐烂病　梨腐烂病又名臭皮病，是梨树重要的枝干病害，主要危害树干、主枝和侧枝，使感病部位树皮腐烂。发病初期病部肿起，水渍状，呈红褐至褐色，常有酒糟味，用手压有汁液流出；后渐凹陷变干，产生黑色小疣状物，树皮随即开裂。

（1）发生规律　一年有春季、秋季两个发病高峰，春季是病菌侵染和病斑扩展最快的时期，秋季次之。病原菌的寄生性较弱，具有潜伏侵染的现象，侵染和繁殖一般发生在生长活力低或近死亡的组织上。各种导致树势衰弱的因素，如立地条件不好或土壤管理差而造成根系生长不良，施肥不足、干旱，结果过多或大小年结果现象严重，病虫害、冻害严重，修剪不良或过重及大伤口太多等，都可诱发腐烂病的发生。肥水管理得当、长势旺盛、结构良好的树发病轻。

（2）防治方法

①农业防治　科学管理，加强土肥水，防止冻害和日灼，合理负载，增强树势，提高树体抗病能力，是防治腐烂病的关键措施。秋季树干涂白，防止冻害。随时剪除病枝并烧毁，减少病原菌数量。

②化学防治　春季发芽前全树喷2%嘧啶核苷类抗菌素水剂100～200倍液、5波美度石硫合剂铲除树体上的潜伏病菌。早春和晚秋发现病斑及时刮治，病斑应刮净、刮平，或用刀顺病斑纵向划道，间隔5毫米左右，然后涂抹腐殖酸铜原液，或5%安素菌毒清水剂100～200倍液，或2%嘧啶核苷类抗菌素10～30倍液或腐必清原液等药剂，以防止复发。

2. 梨黑星病　又叫疮痂病。是我国梨区发生和危害严重的病害之一,主要危害果实、果梗、叶片、嫩梢、叶柄、芽和花等部位。在叶片上最初表现为近圆形或不规则形、淡黄色病斑,一般沿叶脉的病斑较长,随病情发展首先在叶背面沿支脉病斑上长出黑色霉层,发生严重时许多病斑连成一片,使整个叶背布满黑霉,造成早期落叶。新梢上是从基部开始形成病斑,初期褐色,随病斑扩大,病斑上产生一层黑色霉层,病疤凹陷、龟裂,病害严重时可导致新梢枯死。果实最初为黄色近圆形的病斑,病斑大小不等,病健部界限清晰,随病斑扩大,病斑凹陷并在其上形成黑色霉层。处于发育期的果实发病时,因病部组织木栓化会在果实上形成龟裂的疮痂,从而造成果实畸形。

(1)发生规律　病菌以分生孢子和菌丝在芽鳞片、病果、病叶和病梢上,或以未成熟的子囊壳在落地的病叶中越冬。春季由病芽抽生的新梢、花器官先发病,成为感染中心,靠风雨传播给附近的叶片、果实等。梨黑星病病原菌寄生性强,病害流行性强,一年中可以多次侵染,高温、多湿是发病的有利条件。降水量在 800毫米以上、空气湿度过大时,容易引起病害流行。华北地区 4 月下旬开始发病,7～8 月份为发病盛期。另外,树冠郁闭、通风透光不良、树势衰弱或地势低洼的梨园发病严重。梨品种间感病状况也有差异,中国梨最感病,日本梨次之,西洋梨较抗病。

(2)防治方法

①农业防治　一是梨果实套袋,保护果实。梨黑星病高发地区,注意选择抗病品种栽植。二是合理修剪,改善冠内通风透光条件。在施肥上注意增施有机肥和微肥,避免偏施氮肥造成枝条徒长。三是人工剪除病芽梢。从新梢开始生长之初就开始寻找并及时剪除发病新梢,对上一年发病重的区域和单株更要注意。剪除病芽梢加上及时喷药保护是目前控制梨黑星病流行的最有效方法。

②化学防治　结合降雨情况,从发病初期开始,每隔 10～15

天喷布 1 次杀菌剂。常用药剂有 1∶2∶240 波尔多液,或 50%多菌灵可湿性粉剂 600～800 倍液,或 70%甲基硫菌灵可湿性粉剂 800 倍液,或 40%氟硅唑乳剂 4 000～5 000 倍液,或 80%代森锰锌可湿性粉剂 800 倍液,或 12.5%烯唑醇可湿性粉剂 2 000 倍液等。波尔多液与其他杀菌剂交替使用效果更好。

3. 梨轮纹病 又称粗皮病,分布遍及全国各梨产区。病菌可侵染枝干、果实和叶片。在枝干上通常以皮孔为中心形成深褐色病斑,单个病斑为圆形,直径 5～15 毫米,初期病斑略隆起,随后边缘下陷,从病健交界处裂开。果实一般在近成熟期发病,首先表现为以皮孔为中心生出水渍状褐色圆形斑点,后病斑逐渐扩大呈深褐色并表现明显的同心轮纹,病果很快腐烂。

(1)发生规律 病菌以菌丝体和分生孢子器或子囊壳在病枝干上越冬。翌年春季从病组织产生孢子,成为初侵染源。分生孢子借雨水传播造成枝干、果实和叶片的再侵染。梨轮纹病在枝干和果实上有潜伏侵染的特性,尤其在果实上很多都是早期侵染,成熟期发病,其潜育期的长短主要受果实发育和温度的影响。发生与降雨有关,一般落花后每次降雨即有一次病害侵袭;发病也与树势有关,一般管理粗放的树体、生长势弱的树发病重。

(2)防治方法

①农业防治 果实套袋,保护果实。加强栽培管理,增强树势,提高抗病能力。彻底清理梨园,春季刮除粗皮,集中烧毁,消灭病原。

②化学防治 一是铲除初侵染源。春季发芽前刮除病瘤,全树喷洒 5%安素菌毒清水剂 100～200 倍液,或 40%氟硅唑乳剂 2 000～3 000 倍液。二是及时喷药,保护果实。生长季节于谢花后每 15 天左右喷 1 次杀菌剂。常用农药:50%多菌灵可湿性粉剂 600～800 倍液,或 70%甲基硫菌灵可湿性粉剂 800 倍液,或 40%氟硅唑乳剂 4 000～5 000 倍液,或 80%代森锰锌可湿性粉剂

800 倍液等,并与倍量式波尔多液交替使用。

4. 梨白粉病 此病主要危害老叶,先在树冠下部老叶上发生,再向上蔓延。7 月份开始发病,秋季为发病盛期。最初在叶背面产生圆形的白色霉点,随后扩展成不规则白色粉状霉斑,严重时布满整个叶片。生白色霉斑的叶片正面组织初呈黄绿色至黄色不规则病斑,严重时病叶萎缩、变褐枯死或脱落。后期白粉状物上产生黄褐色至黑色的小颗粒。

(1)发生规律 白粉病菌以闭囊壳在落叶上或黏附在枝梢上越冬。子囊孢子通过雨水传播侵入梨叶,病叶上产生的分生孢子进行再侵染,秋季进入发病盛期。通风不畅、排水不良或偏施氮肥的密植梨园易发病。

(2)防治方法

①农业防治 一是秋后彻底清扫落叶,并进行土壤耕翻,合理施肥,适当修剪,发芽前喷 1 次 3～5 波美度石硫合剂。二是加强栽培管理,增施有机肥,防止偏施氮肥;合理修剪,使树冠通风透光。

②化学防治 发病前或发病初期喷药防治。药剂可选用:0.2～0.3 波美度石硫合剂,或 70%甲基硫菌灵可湿性粉剂 800 倍液,或 15%三唑酮乳油 1 500～2 000 倍液,或 12.5%腈菌唑乳油 2 500 倍液。

5. 梨锈病 又称赤星病、羊胡子。全国各梨产区普遍发生。侵染叶片也危害果实、叶柄和果柄。侵染叶片后,在叶片正面表现为橙色,近圆形病斑,病斑略凹陷,斑上密生黄色针头状小点,叶背面病斑略突起,后期会长出黄褐色毛状物。果实和果柄上的症状与叶背症状相似,幼果发病能造成果实畸形和早落。

(1)发生规律 病菌以多年生菌丝体在桧柏类植物的发病部位越冬,春天形成冬孢子角。冬孢子角在梨树发芽展叶期吸水膨胀,萌发产生担孢子,随风传播造成侵染。桧柏类植物的多少和远近是影响梨锈病发生的重要因素。在梨树发芽展叶期,多雨有利于冬孢子角的吸水膨胀和冬孢子的萌发、担孢子的形成,风向和风力有利于担孢子的传播时,梨锈病发生严重。白梨和砂梨系的品种都会不同程度地感病,洋梨较抗病。

(2)防治方法

①农业防治　彻底铲除梨园周围 5 000 米以内的桧柏类植物是防治梨锈病的最根本方法。

②化学防治　一是在桧柏植物上喷药抑制冬孢子的萌发和锈孢子的侵染。对不能砍除的桧柏类植物要在春季冬孢子萌发前及时剪除病枝并销毁,或喷 1 次石硫合剂或 80％五氯酚钠溶液,以消灭桧柏上的病原菌。二是在梨树从萌芽至展叶后 25 天内喷药保护。一般萌芽期喷布第一次药剂,以后每 10 天左右喷布 1 次。早期药剂使用 65％代森锌可湿性粉剂 400～600 倍液,花后用 200 倍倍量式波尔多液,或 20％三唑酮乳油 1 500 倍液,或 80％代森锰锌可湿性粉剂 800 倍液,或 12.5％腈菌唑可湿性粉剂 2 000～3 000 倍液。

6. 洋梨干枯病　此病一般危害主干和主枝。首先在枝组的基部表现为红褐色病斑,后随病斑的扩大,开始干枯凹陷,病、健交界处裂开,病斑也形成纵裂,最后枝组枯死。其上的花、叶、果也随之萎蔫并干枯。病斑上形成黑色突起。

(1)发生规律　病菌以菌丝体或分生孢子、子囊壳在病组织上越冬,翌年春天病斑上形成分生孢子,借雨水传播。病菌一般是从修剪和其他的机械伤口侵入,也能直接侵染芽体。往往是在主干或主枝基部发生腐烂病或干腐病后,树体或主枝生长势衰弱,其上的中小枝组发病较重。以秋子梨和洋梨品种发生重,白梨系品种发病较轻,生长势衰弱的树发病较重。

(2)防治方法

①农业防治　一是加强栽培管理,增强树势。加强树体保

护,减少伤口。对修剪后的大伤口,及时涂抹油漆或动物油,以防止伤口水分散发过快而影响愈合。二是从幼龄树期开始,坚持每年树干涂白,防止冻伤和日灼。

②化学防治　幼龄树每年芽前喷 5 度石硫合剂,生长期喷施杀菌剂时要注意全树各枝上均匀着药。

7. 梨黄叶病　梨黄叶病属于生理病害,其中以东部沿海地区和内陆低洼盐碱区发生较重,往往是成片发生。症状都是从新梢叶片开始,叶色由淡绿色变成黄色,仅叶脉保持绿色,严重发生时整个叶片是黄白色,在叶缘形成焦枯坏死斑。发病新梢枝条细弱,节间延长,腋芽不充实。最终造成树势减弱,发病枝条不充实,抗寒性和萌芽率降低。

(1)发生规律　梨黄叶病都是从新梢叶片开始,叶色由淡绿色变成黄色,仅叶脉保持绿色,严重发生时整个叶片为黄白色,并在叶缘形成焦枯坏死斑。发病新梢枝条细弱,节间延长,腋芽不充实,梨树从幼苗到成年的各个阶段都可发生。形成这种黄化的原因是缺铁,因此又称为缺铁性黄叶。

(2)防治方法

①农业防治　一是改土施肥,在盐碱地定植梨树,除大坑定植外,还应进行改土施肥。方法是从定植的当年开始,每年秋天挖沟,将好土和杂草、树叶、秸秆等加上适量的碳酸氢铵和过磷酸钙混合后回填。第一年改良株间的土壤,第二年沿行间一侧开沟,第三年改造另一侧。二是平衡施肥,尤其要注意增施磷钾肥、有机肥、微肥。

②化学防治　叶面喷施 300 倍硫酸亚铁。根据黄化程度,每间隔 7～10 天喷 1 次,连喷 2～3 次。也可根据历年黄化发生的程度,对重病株在芽前喷施硫酸亚铁 80～100 倍液。

8. 梨缩果病　是我国北方梨区普遍发生的一种生理性病害,其危害是在果实上形成缩果症状,使果实完全失去商品价值。

（1）发病规律　梨缩果病是由缺硼引发的一种生理性病害。缩果病在偏碱性土壤的梨园和地区发生较重。另外，硼元素的吸收与土壤湿度有关，过湿或过干都会影响到梨树对硼元素的吸收。因此，在干旱贫瘠的山坡地和低洼易涝地更容易发生缩果病。不同品种对缺硼的耐受能力不同，不同品种上的缩果症状差异也很大。在鸭梨上，严重发生的单株自幼果期就显现症状，果实上形成数个凹陷病斑，严重影响果实的发育，最终形成"猴头"果。中、轻度发生的不影响果实的正常膨大，在果实生长后期会出现数个深绿色凹陷斑，最终导致果实表面凹凸不平。在砂梨和秋子梨的某些品种上凹陷斑变褐，斑下组织也变褐、木栓化甚至病斑龟裂。

（2）防治方法

①农业防治　适当的肥水管理。干旱年份注意及时浇水，低洼易涝地注意及时排涝，保持适中的土壤水分状况，保证梨树正常生长发育。

②化学防治　叶面喷硼肥。对有缺硼症状的单株和园片，从幼果期开始，每隔7～10天喷施硼酸或硼砂300倍液，连喷2～3次，一般能收到较好的防治效果。也可以结合春季施肥，根据植株的大小和缺硼发生的程度，单株根施100～150克硼酸或硼砂。

9. 梨褐斑病　褐斑病在叶片上单个病斑呈圆形，严重发生时多个病斑相连成不规则形，褐色边缘清晰，后病斑中心开始变成白色至灰色，边缘褐色，严重发生时能造成提前落叶。后期斑上密生黑色小点为病原菌分生孢子器。

（1）发生规律　病菌以分生孢子器或子囊壳在落地病叶上越冬，春天形成分生孢子或子囊孢子，借风雨传播造成初侵染。初侵染病斑上形成的分生孢子会进行再侵染。再侵染的次数因降雨的多少和持续时间长短而异，5～7月份阴雨潮湿有利于发病。一般在6月中旬前后初显症状，7～8月份进入盛发期。地势低洼、潮湿的梨园发病重,修剪不当、通风透光不良和交叉郁闭严重的梨园发病重,在品种上以白梨系雪花梨发病最重。

(2)防治方法

①农业防治 一是强化果园卫生管理。冬季集中清理落叶,烧毁或深埋,以减少越冬病原菌。二是加强肥水管理,合理修剪,避免郁闭,低洼果园注意及时排涝。

②化学防治 适时喷药保护。一般在雨季来临之前,结合轮纹病和黑星病的防治喷布杀菌剂。药剂可选用 1∶2∶200 波尔多液,或 25％戊唑醇乳剂 2 000 倍液,或 70％甲基硫菌灵可湿性粉剂 800 倍液,或 50％异菌脲可湿性粉剂 1 500 倍液,或 80％代森锰锌可湿性粉剂 800 倍液,交替使用。

10. 套袋梨果黑点病 黑点病主要发生在套袋梨果的萼洼处及果柄附近。黑点呈米粒大小到绿豆粒大小不等,常常几个连在一起,形成大的黑褐色病斑,中间略凹陷。黑点病仅发生在果实的表皮,不引起果肉溃烂,贮藏期也不扩展和蔓延。

(1)发生规律 该病是由半知菌亚门的弱寄生菌——粉红聚端孢菌和细交链孢菌侵染引起的。该病菌喜欢高温高湿的环境。梨果套袋后袋内湿度大,特别是果柄附近和萼洼处容易积水,加上果肉细嫩,就容易引起病菌的侵染。雨水多的年份黑点病发生严重,通风条件差、土壤湿度大、排水不良的果园及果袋通透性差的果园,黑点病发生也较重。

(2)防治技术

①农业防治 一是选园套袋。选取建园标准高、地势平整、排灌设施完善、土壤肥沃且通透性好、树势强壮、树形合理的稀植大冠形梨园实施套袋。二是选用优质袋。应选择防水、隔热和透气性能好的优质复色梨袋。不用通透性差的塑膜袋或单色劣质梨袋。三是合理修剪。冬、夏修剪时,疏除交叉重叠枝条,回缩过密冗长枝条,调整树体结构,改善梨园群体和个体光照条件,保证

冠内通风透光良好。四是规范操作。宜选择树冠外围的梨果套袋,尽量减少内膛梨果的套袋量。操作时,要使梨袋充分膨胀,避免纸袋紧贴果面。卡口时,可用棉球包裹果柄,严密封堵袋口,防止病菌、害虫或雨水侵入。五是加强管理。结合秋季深耕,增施有机肥,控制氮肥用量。土壤黏重梨园,可进行掺沙改土。7~8月份,降雨量大时,注意及时排水和中耕散墒,降低梨园湿度。

②化学防治 套袋前喷施杀菌、杀虫剂。喷药时应选用优质高效的安全剂型,如代森锰锌、噁酮·锰锌、氟硅唑、甲基硫菌灵、烯唑醇、多抗霉素、吡虫啉、阿维菌素等,并注意选用雾化程度高的药械,待药液完全干后再套袋。

11. 果实日灼和蜡害 高温干旱地区套袋果易发生日灼和蜡害现象,如涂蜡纸袋在强日光照射下,纸袋内外温差达 5℃~10℃,袋内最高温度可达 55℃以上,因此内袋易出现蜡化,灼伤幼果表面,表现为褐色烫伤,最后变成黑膏药状,幼果干缩。果农应根据当地气候条件,适当稍晚一些套袋,预计在套袋后 15 天内不会出现高温天气时进行。套袋后及除袋前梨园浇 1 遍透水可有效防止日灼病和蜡害的发生,有日灼现象发生时应立即在田间灌水或树体喷水防除。

12. 梨果水锈和虎皮果 易生水锈的梨品种(如雪花梨)或降水量大的地区的套袋果易生水锈和产生虎皮果,如雪花梨在高温高湿等条件的刺激下果皮蜡质层和角质层会被破坏,皮层裸露且木栓化形成浅褐色至深褐色的虎皮果。高温和高湿同时具备是发生水锈和虎皮果的基本条件,因此套袋时首先选择透气性良好的纸袋,并选择树体通风透光良好的部位,同时还要使梨园整体枝叶稀疏,通风透光良好。

(二)梨贮藏期病害

此类病害主要在贮藏和运输过程中发生。除潜伏侵染的轮纹病、褐腐病病果在贮藏期继续发病腐烂以外,还有灰霉腐烂、青霉腐烂、红粉腐烂3种病害,这3种腐烂病仅在贮藏期发生,是造成贮藏期烂果的重要病原。尤其是在贮藏条件不当,贮藏期过长时,更易大量发生,造成很大的经济损失。

1. 发生规律 3种病原菌均是在土壤和空气中大量存在的腐生真菌,以菌丝体或分生孢子梗在冷库、包装物或其他霉变的有机物上越冬,通过气流或病健果直接接触传播。机械选果中的水流也是病菌传播的途径。果实采运过程中的机械伤口、病虫危害后形成的伤口等,都是腐生真菌侵入的途径。果实装箱后,长距离运输时,果实相互挤压碰撞会形成伤口,病、健果直接接触传染,就造成了运输途中的"烂箱"。

2. 防治方法 一是严格采收管理。在采收、分级、包装、装卸、运输的各个环节都要进行严格管理,最大限度地减少伤口。二是入库前对冷库进行全面彻底的清理,清除各种霉变杂物,喷施杀菌剂或施放烟剂进行消毒处理。三是在果实装箱前进行浸药处理,装箱后尽快入库,贮藏期定期抽样检查,及时发现病果并清除。

四、主要虫害

(一)梨木虱

梨木虱是当前梨树的最主要害虫之一。主要寄主为梨树,以成虫和若虫刺吸芽、叶、嫩枝汁液进行直接危害。该虫会分泌黏液,招来杂菌,给叶片造成间接危害。受害叶会出现褐斑而早期落叶,同时果实被污染,影响品质。

1. 发生规律 在河北、山东1年发生4~6代。以冬型成虫在落叶、杂草、土石缝隙及树皮缝内越冬,早春2~3月份出蛰,3

月中旬为出蛰盛期。该虫在梨树发芽前即开始产卵于枝叶痕处,发芽展叶期将卵产于幼嫩组织茸毛内、叶缘锯齿间、叶片主脉沟内等处。若虫多群集危害,有分泌黏液的习性,并在黏液中取食生活。该虫直接危害盛期为6~7月份,此时世代交替。到7~8月份雨季,梨木虱分泌的黏液会招来杂菌,致使叶片产生褐斑并霉变坏死,引起早期落叶,从而造成严重间接危害。

2. 防治方法

(1)农业防治　彻底清除树下的枯枝落叶杂草、刮老树皮,消灭越冬成虫。

(2)化学防治　一是在3月中旬越冬成虫出蛰盛期喷洒菊酯类药剂1 500~2 000倍液,控制出蛰成虫基数。二是在梨落花80%~90%时期,即第一代若虫较集中的孵化期,正是梨木虱防治的最关键时期,可选用10%吡虫啉可湿性粉剂3 000倍液,或1.8%阿维菌素可湿性粉剂2 000~3 000倍液等药剂,发生严重的梨园,可加入洗衣粉等助剂以提高药效。

(二)梨二叉蚜

又名梨蚜,是梨树的主要害虫。以成虫、幼虫群居叶片正面危害,受害叶片向正面纵向卷曲呈筒状,被蚜虫危害后的叶片大都不能再伸展开,易脱落,易招致梨木虱潜入。虫害严重时会造成大批早期落叶,影响树势。

1. 发生规律　梨蚜1年发生10多代,以卵在梨树芽腋或小枝裂缝中越冬。翌年梨花萌动时卵孵化为若蚜,群集在露白的芽上危害,展叶期集中到嫩叶正面危害并繁殖,5~6月间转移到其他寄主上危害,到秋季9~10月间产生有翅蚜由寄主返回梨树上危害,11月份产生有性蚜,蚜虫交尾产卵于枝条皮缝和芽腋间越冬。北方果区的春、秋两季,蚜虫于梨树上繁殖危害,并以春季危害较重。

2. 防治方法

（1）农业防治 在发生数量不太大时，早期摘除被害叶，集中处理，消灭蚜虫。

（2）化学防治 春季花芽萌动后、初孵若虫群集在梨芽上危害或群集叶面危害而尚未卷叶时喷药防治，可以压低春季虫口基数并控制前期危害。用药种类为：10％吡虫林可湿性粉剂3 000倍液，或20％氰戊菊酯乳油2 000～3 000倍液，或2.5％氯氟氰菊酯乳油3 000倍液等药剂。

（三）山楂叶螨

又名山楂红蜘蛛，在我国梨和苹果产区均有发生。成螨、若螨和幼螨刺吸芽、叶和果实汁液，叶受害初期呈现很多失绿小斑点，后渐扩大成片，严重时全叶苍白、焦枯、变褐，叶背面拉丝结网，导致早期落叶，削弱树势。

1. 发生规律 北方果区1年发生5～9代，均以受精的雌成螨在树体各种缝隙内及树干附近的土缝中群集越冬。害虫果树萌芽期开始出蛰；出蛰后一般多集中于树冠内膛局部危害，以后逐渐向外膛扩散。常群集叶背危害，有吐丝拉网习性。山楂叶螨第一代发生较为整齐，以后各代重叠发生。6～7月份的高温干旱天气，最适宜山楂叶螨发生，且数量急剧上升，形成全年危害高峰期。进入8月份，雨量增多，湿度增大，其种群数量逐渐减少。山楂叶螨一般于10月份进入越冬场所越冬。

2. 防治方法

（1）农业防治 结合果树冬季修剪，认真细致地刮除枝干上的老翘皮，并耕翻树盘，以消灭越冬雌成螨。

（2）生物防治 保护利用天敌是控制叶螨的有效途径之一。保护利用的有效途径是减少广谱性高毒农药的使用，选用选择性强的农药，尽量减少喷药次数。有条件的果园还可以引进释放扑食螨等天敌。

(3)化学防治 药剂防治关键时期是越冬雌成螨出蛰期和第一代卵和幼若螨期。药剂可选用:50%硫磺悬浮剂200～400倍液,或20%四螨嗪悬浮剂2 000～2 500倍液,或5%噻螨酮乳油2 000倍液,或15%哒螨灵乳油2 000～2 500倍液。喷药要细致周到。

(四)梨 圆 蚧

在我国北方各梨产区均有发生,主要危害梨、苹果、枣、核果类等多种果树。以雌成虫、若虫刺吸枝干、叶、果实汁液,轻则造成树势衰弱,重则造成果树枯死。

1. 发生规律 梨圆蚧在北方梨树上发生2代,均以二龄若虫在枝条上越冬,翌年春天树液流动后开始危害,并蜕皮为三龄,雌雄分化。梨圆蚧可以孤雌生殖,但大部分是雌、雄交尾后胎生。初龄若虫即可在嫩枝、果实或叶片上危害。5月上中旬雄成虫羽化,6月上中旬至7月上旬越冬代雌成虫产仔。当年的第一代雌成虫于7月下旬至9月上旬产仔,第二代于9～11月份产仔。

2. 防治方法
(1)农业防治 一是调运苗木,接穗要加强检疫,防止虫害传播蔓延。二是初发生梨园多是点片发生,可彻底剪除有虫枝条或人工刷抹有虫枝,铲除虫源。

(2)化学防治 可以在萌芽前喷布5波美度石硫合剂,或200倍洗衣粉液,或95%机油乳剂50倍液。越冬代和第一代成虫产仔期和一龄若虫扩散期是喷药防治的关键时期,可用20%氰戊菊酯乳油3 000倍液,或40%毒死蜱乳油1 000～1 500倍液,或25%噻嗪酮可湿性粉剂1 500～2 000倍液。

(五)茶 翅 蝽

在东北、华北、华东和西北地区均有分布,以成虫和若虫危害梨、苹果、桃、杏、李等果树以及部分林木和农作物,近年来危害日趋严重。梨树叶和梢被害后症状不明显,果实被害后其被害处木栓化、变硬,发育停滞而下陷,果肉微苦,严重时形成疙瘩梨或畸形果,失去经济价值。

1. 发生规律　此虫在北方 1 年发生 1 代,以成虫在果园附近建筑物上的缝隙、树洞、土缝、石缝等处越冬,北方果区一般 5 月上旬开始出蛰活动,6 月份始产卵于叶背,卵多集中成块。6 月中下旬孵化为若虫,8 月中旬为成虫盛期,8 月下旬开始寻找越冬场所,到 10 月上旬到达入蛰高峰。成虫或若虫受到惊扰或触动即分泌臭液并逃逸。

2. 防治方法

(1)农业防治　一是人工防治。在春季越冬成虫出蛰时和 9～10 月份成虫越冬时,在房屋的门窗缝、屋檐下、向阳背风处收集成虫;成虫产卵期,收集卵块和初孵若虫,集中销毁。二是实行有袋栽培。自幼果期进行套袋,防止此虫危害。

(2)化学防治　在越冬成虫出蛰期和低龄若虫期喷药防治。药剂可选用:50％杀螟硫磷乳剂 1 000 倍液,或 48％毒死蜱乳剂 1 500 倍液,或 20％氰戊菊酯乳油 2 000 倍液,或 5％高氯·吡虫啉乳油 1 000～1 500 倍液,连喷 2～3 次,均能取得较好的防治效果。

(六)康氏粉蚧

1. 发生规律　康氏粉蚧 1 年发生 3 代,以卵及少数若虫、成虫在被害树树干、枝条、粗皮裂缝、剪锯口或土块、石缝中越冬。翌春果树发芽时,越冬卵孵化成若虫,食害寄主植物的幼嫩部分。第一代若虫发生盛期在 5 月中下旬,第二代若虫在 7 月中下旬,第三代若虫发生在 8 月下旬。9 月产生越冬卵,早期产的卵也有的孵化成若虫、成虫越冬。雌、雄成虫交尾后,雌虫爬到枝干、粗皮裂缝或袋内果实的萼洼、梗洼处产卵。产卵时,雌成虫分泌大量棉絮状蜡质卵囊,卵产于囊内,一只雌成虫可产卵 200～400 粒。

2. 防治技术

(1)农业防治 冬春季结合清园,细致刮皮或用硬毛刷刷除越冬卵,集中烧毁;或在有害虫的树干上,于 9 月份绑缚草把,翌年 3 月将草把解下烧毁。

(2)化学防治 要求喷药均匀,连树干、根茎一起"喷淋式"喷施。喷药要抓住三个关键时期:一是 3 月上旬,先喷硫悬浮剂 400～500 倍液＋48％乐斯本乳油 1 000 倍液,3 月下旬到 4 月上旬喷 3～5 波美度石硫合剂。在梨树上这两遍药最重要,可兼杀多种害虫的越冬虫卵,减少病虫的越冬基数。二是在 5 月下旬至 6 月上旬,第一代若虫盛发期,以及 7 月下旬至 8 月上旬第二代若虫盛发期,都要细致均匀地喷施杀虫剂。此期可用 25％噻嗪酮可湿性粉剂 2 000 倍液,或 50％敌敌畏乳油 800～1 000 倍液,或 20％害扑威乳油 300～500 倍液,或 20％氰戊菊酯乳油 2 000 倍液,或 25％噻虫嗪水分散粒剂 5 000 倍液,或 48％毒死蜱乳油 1 200 倍液,或52.25％氯氰·毒死蜱乳油 1 500 倍液,或 2.5％高效氯氰菊酯乳油 1 500 倍液,效果都很好。三是在果实采收后的 10 月下旬,在树盘距干 50 厘米半径内喷 52.25％氯氰·毒死蜱乳油 1 000 倍液。

(七)绿盲蝽

绿盲蝽寄主植物种类非常广泛,危害梨、葡萄、苹果、桃、石榴、枣树、棉花、苜蓿等。绿盲蝽以成虫、若虫的刺吸式口器危害,幼芽、嫩叶、花蕾及幼果等是其主要危害部位。幼叶受害后,先出现红褐色或散生的黑色斑点,斑点随叶片生长变成不规则孔洞,俗称"破叶疯";花蕾被害后即停止发育而枯死;幼果被害后,先出现黑褐色水渍状斑点,然后造成果面木栓化甚至僵化脱落,严重影响果的产量和质量。

1. 发生规律 绿盲蝽 1 年发生 4～5 代,主要以卵在树皮缝内、顶芽鳞片间、断枝和剪口处,以及苜蓿、蒿类等杂草或浅层土壤中越冬。翌年 3~4 月份,月平均温度达 10℃以上、空气相对湿度高于 60% 时,卵开始孵化。第一代绿盲蝽的卵孵化期较为整齐,梨树发芽后即开始上树危害,孵化的若虫集中危害幼叶。绿盲蝽从早期叶芽破绽开始危害一直到 6 月中旬,其中展叶期和幼果期危害最重。成虫寿命 30~40 天,飞行力极强,白天潜伏,稍受惊动即迅速爬迁,不易被发现;清晨和夜晚爬到叶芽及幼果上刺吸危害。成虫羽化后 6~7 天开始产卵。10 月上旬产卵越冬。梨树以春、秋两季受害重。

2. 防治方法

(1)农业防治　冬季或早春刮除树上的老皮、翘皮,铲除枣园及附近的杂草和枯枝落叶,集中烧毁或深埋,可减少越冬虫卵;萌芽前喷 3~5 波美度石硫合剂,可杀死部分越冬虫卵。

(2)化学防治　选择最佳时间、合适药剂进行化学防治,注意在各代若虫期集中统一用药,此时用药,若虫抗药性弱,且容易接触药液,防治效果较好。药剂可选择 2.5% 溴氰菊酯乳油 2 000 倍液,或 48% 毒死蜱乳油 1 000~1 500 倍液,或 52.25% 氯氰·毒死蜱乳油 1 500~2 000 倍液,或 10% 吡虫啉可湿性粉剂 2 000 倍液等交替使用,喷药应选择无风天气的早晨或傍晚进行,对树干、树冠、地上杂草、行间作物全面喷药。喷雾时药液量要足,做到里外喷透、上下不漏,同时注意群防群治,集中时间统一进行喷药,以确保防治效果。

（八）梨茎蜂

又名折梢虫、截芽虫等,主要危害梨。成虫产卵于新梢嫩皮下刚形成的木质部,可于产卵点上 3~10 毫米处锯掉春梢。幼虫于新梢内向下取食,致使受害部枯死,形成黑褐色的干橛。梨茎蜂是危害梨树春梢的重要害虫,会影响幼龄树整形和树冠扩大。

1. 发生规律 梨茎蜂 1 年发生 1 代,以老熟幼虫及蛹在被害枝条内越冬,翌年 3 月上中旬化蛹,梨树开花时羽化,花谢时成虫开始产卵,花后新梢大量抽出时进入产卵盛期,幼虫孵化后向下蛀食幼嫩木质部而留皮层。成虫羽化后于枝内停留 3～6 天才于被害枝近基部咬 1 个圆形羽化孔,并在天气晴朗的中午前后从羽化孔飞出。成虫白天活跃,飞翔于寄主枝梢间;早晚及夜间停息于梨叶背面,阴雨天活动很差。梨茎蜂成虫有假死性,但无趋光性和趋化性。

2. 防治方法

(1) 农业防治 结合冬季修剪剪除被害虫梢。于成虫产卵期从被害梢断口下方 1 厘米处剪除有卵枝段,可基本消灭害虫。生长季节发现枝梢枯橛时应及时剪掉并集中烧毁,以杀灭幼虫。发病重的梨园,在成虫发生期利用其假死性及早、晚在叶背静伏的特性,振树使成虫落地并捕杀。

(2) 化学防治 喷药防治要抓住花后成虫发生高峰期,在新梢长至 5～6 厘米时可喷布 20％氰戊菊酯乳油 3 000 倍液,或 80％敌敌畏乳油 1 000～1 500 倍液,或 5％高氯·吡虫啉乳油 1 000～1 500 倍液等。

(九) 黄 粉 虫

梨黄粉蚜也叫黄粉虫,它以成虫、若虫群集于果实萼洼处危害,被害部位开始时变黄,稍微凹陷,后期逐渐变黑,表皮硬化,龟裂成大黑疤,或者导致落果。有时它也刺吸枝干嫩皮汁液。

1. 发生规律 1 年发生 8～10 代,以卵在果台、树皮裂缝、老翘皮下、枝干上的附着物上越冬,春季梨开花时卵孵化为干母,若蚜在翘皮下嫩皮处刺吸汁液,羽化后繁殖。6 月中旬开始向果转移,7 月份集中于果实萼洼处危害。8 月中旬果实近成熟期,危害更为严重。8～9 月份出现有性蚜,雌、雄交配后陆续转移到果台、裂缝等处产卵越冬。梨黄粉蚜喜欢隐蔽环境,其发生数量与降雨有关。持续降雨不利于它的发生,而温暖干旱对其发生有利。黄粉蚜近距离靠人工传播,远距离靠苗木和梨果调运传播。

2. 防治技术

(1)农业防治　冬季刮除粗皮和树体上的残留物,清洁枝干裂缝,以消灭越冬卵。清理落地梨袋,尽量烧毁深埋。剪除秋梢,秋冬季树干刷白。

(2)化学防治　梨树萌动前,喷5波美度石硫合剂1次,可大量杀死黄粉蚜越冬卵。4月下旬至5月上旬,虽然黄粉蚜陆续出蛰转枝,但此期也是大量天敌上树定居时,所以仍须慎重用药,最好用选择性杀虫剂,如50%抗蚜威水分散粒剂3 000倍液。5月中下旬,7～8月要做好药剂防治。常用药剂:80%敌敌畏乳油2 000倍液,或2.5%溴氰菊酯乳油3 000～4 000倍液,或90%敌百虫可溶性粉剂1 000倍液,或20%氰戊菊酯乳油3 000～4 000倍液,或10%吡虫啉可湿性粉剂3 000倍液,或15%抗蚜威可湿性粉剂1 500倍液。

(十)梨 网 蝽

又名梨军配虫,主要危害梨、苹果、海棠、山楂、桃、李等多种果树,以成虫、若虫群集叶背面危害,吸食叶片汁液,被害叶形成苍白斑点,叶片背面有褐色斑点状虫粪及分泌物,呈锈黄色,受害严重时导致早期落叶。

1. 发生规律　此虫在华北地区1年发生3～4代,以成虫在落叶、杂草、树皮缝和树下土块缝隙内越冬,梨树展叶时开始活动,产卵于叶背面叶脉两侧的组织内。若虫孵化后群集在叶背面主脉两侧危害,由于成虫出蛰很不整齐,造成世代重叠,一年中的7～8月份危害最烈,到10月中下旬成虫开始寻找适宜场所越冬。

2. 防治方法

(1)农业防治 一是诱杀成虫。9月份成虫下树越冬前,在树干上绑草把,诱集成虫越冬,然后解下草把集中烧毁。二是清园翻耕。春季越冬成虫出蛰前,细致刮除老翘皮。清除果园杂草落叶,深翻树盘,可以消灭越冬成虫。

(2)化学防治 在越冬成虫出蛰高峰和第一代若虫孵化高峰期及时喷药防治。药剂可选用80%敌敌畏乳油1 000倍液,或48%毒死蜱乳油1 500～2 000倍液,或20%氰戊菊酯乳油2 000倍液。

(十一)梨星毛虫

又名梨狗子、饺子虫等,是梨树的主要食叶性害虫。以幼虫食害花芽和叶片,幼虫将叶片边缘向内包起,呈饺子状,潜藏其中危害。管理粗放的梨园尤其严重。虫口密度大时,在梨树发芽期常将梨芽吃光,致使梨树不能展叶,造成当年第二次开花。

1. 发生规律 梨星毛虫在渤海湾和华北地区1年发生1代,以2～3龄幼虫在树皮裂缝等处做白色薄茧越冬。翌春梨花芽萌动时出蛰危害,但出蛰不整齐。幼虫于4月中旬进入盛期,危害花蕾,5月上中旬是危害叶盛期,大龄幼虫缀叶呈饺子状,居中食取叶肉,5月中下旬于包叶内结茧化蛹,6月上旬羽化,中下旬进入盛期。成虫多产卵于叶背,6月下旬开始孵化,7月上旬进入盛期,而后进入越冬。

2. 防治方法

(1)农业防治 越冬期刮除老树皮,尤其根茎处的粗皮,集中处理消灭越冬幼虫,减少虫源。幼虫越冬前在树干绑草把诱集害虫。摘除包叶中的幼虫或蛹。

(2)化学防治 花芽开绽吐蕾期进行药剂防治,可选用药剂种类:80%敌敌畏乳油1 000倍液,或20%氰戊菊酯乳油1 500～

2 000 倍液,或 25％灭幼脲 3 号悬浮剂 2 000 倍液等。开花前连喷
2 次,一般可控制其危害。成虫盛期,可喷 1 次氰戊菊酯或高效氯
氰菊酯或溴氰菊酯 2 000 倍液。

（十二）舟形毛虫

在北方各果产区均有发生,以幼虫危害梨、苹果、桃、杏、李、
山楂、核桃等多种果树和林木。初孵幼虫常群集危害,啃食叶肉,
仅留下表皮,叶脉呈网状,稍大后把叶片顺食成缺刻或仅留叶柄,
严重时把叶片吃光。

1. 发生规律　此虫 1 年发生 1 代,以蛹在树冠下的土中越
冬,翌年 7～8 月份羽化为成虫,发生盛期在 7 月中下旬。成虫白
天不活动,夜间交尾产卵。卵多产于树体东北面的中下部枝条的
叶背,卵期 7～13 天,初孵幼虫多群集叶背,由叶缘向内取食,遇
惊扰或震动时,成群吐丝下垂。幼虫三龄后逐渐分散取食或转移
危害。老熟幼虫白天不取食,常头尾翘起,似舟状静止,故称为舟
形毛虫。幼虫共五龄,四龄前食量小,四龄后剧增,常将叶片食
光。幼虫老熟后沿树干爬入土中化蛹越冬。

2. 防治方法

（1）农业防治　一是结合果园翻耕或刨树盘,把蛹翻到土表,
或人工挖蛹灭杀。二是在初孵幼虫分散前,及时剪除有幼虫群居
的枝条。利用该虫吐丝下坠习性,人工振落杀死幼虫。

（2）化学防治　在幼虫发生期进行药剂防治,可选用药剂种
类:20％氰戊菊酯乳油 1 500～2 000 倍液,或 2.5％溴氰菊酯乳油
1 500～2 000 倍液,或 1.5％苏云金杆菌乳剂 800 倍液,或 25％灭
幼脲 3 号悬乳剂 2 000 倍液,或白僵菌粉剂 800～1 000 倍液,或
80％敌敌畏乳油 800～1 000 倍液,或 48％毒死蜱乳油 1 000～1 500
倍液。

五、梨生态友好型病虫害的综合防治

（一）休眠期（12月份至翌年3月初）

1. 防治对象　腐烂病、轮纹病、黑星病、干腐病、黑斑病；梨木虱、黄粉虫、梨二叉蚜、红蜘蛛、介壳虫等。

2. 防治措施　彻底清除落叶、落果、僵果、病枝、枯死枝；刮除枝干粗皮、翘皮、病虫斑，将各种病虫残体清出果园外烧毁或深埋；清园后地面翻耕，破坏土中病虫越冬场所。

（二）芽萌动至开花期（3月上旬至4月初）

1. 防治对象　腐烂病、轮纹病、干腐病、黑星病、黑斑病、锈病；梨木虱、黄粉虫、梨二叉蚜、红蜘蛛、介壳虫等。

2. 防治措施

（1）农业防治　一是继续刮除枝干粗皮、翘皮。二是刮治腐烂病并涂药保护，如菌毒清、腐殖酸铜等。三是田间悬挂黑光灯、频振式杀虫灯、性诱芯等方法诱集捕杀害虫。

（2）化学防治　3月上中旬喷4.5%高效氯氰菊酯2 000倍液，或5%高氯·吡1 500倍液＋增效剂，杀灭越冬代梨木虱成虫。发芽前喷1次3～5波美度石硫合剂，杀灭各种在树体上越冬的病虫。发芽后至开花前，喷施12%烯唑醇可湿性粉剂2 000倍液，或40%腈菌唑可湿性粉剂3 000倍液，或50%多菌灵可湿性粉剂600倍液＋48%毒死蜱乳油2 000倍液，或3%啶虫脒可湿性粉剂3 000倍液，或10%吡虫啉可湿性粉剂3 000倍液，杀灭在芽内越冬的黑星病菌及已开始活动的梨二叉蚜等。

3. 注意事项　一是开花前防治是全年的关键，既安全又经济。二是发芽后至开花前用药，必须选用安全农药，以免发生药害。三是梨木虱越冬成虫在 3 月上中旬气候温暖时出蛰、交尾、产卵,此时要根据天气变化,在温暖无风天喷药,才会有较好的防治效果。此期是梨木虱防治的第一个关键时期。

(三)开花期(4月上中旬)

1. 防治对象 金龟子、梨茎蜂等。

2. 防治措施

(1)农业防治 一是利用成虫的假死性和趋化性,诱杀、捕杀成虫。二是在梨树初花期前,将黄色双面黏虫板(规格 20 厘米×30 厘米)悬挂于离地 1.5～2.0 米高的枝条上,每 667 米² 均匀悬挂 30 块左右,利用黏虫板的黄色光波引诱成虫,将其黏住致死。期间根据黏杀情况,及时更换黏虫板。最好采取统防统治,大面积成片集中悬挂。另外,此板还可作为虫情监测手段,指导田间喷药防治。三是树干下部捆绑塑料裙或黏虫胶带,防止金龟子、红蜘蛛、草履蚧等上树危害。

(2)化学防治 在成虫出土羽化前,可用 25% 辛硫磷微胶囊 100 倍液处理土壤。成虫发生期树上喷药防治。药剂选用:4.5% 高效氯氰菊酯乳油 2 000 倍液,或 90% 晶体敌百虫 800 倍液,或 5% 士达乳油 1 000～1 500 倍液。喷药时要慎重,以免发生药害。喷药一般在初花期。

(四)落花后至麦收前或套袋前(4月中下旬至6月上旬)

1. 防治对象 黑星病、黑斑病、轮纹病、炭疽病、黄叶病、套袋果黑点病等,梨木虱、黄粉虫、康氏粉蚧、食心虫、红蜘蛛、梨二叉蚜、椿象等。

2. 防治措施

(1)农业防治 4 月下旬至 5 月下旬,人工摘除黑星病梢,7～8 天巡回检查摘除 1 次,深埋或带出园外。

（2）化学防治 一是落花后开始喷 50％多菌灵可湿性粉剂 600 倍液，或 80％代森锰锌可湿性粉剂 800 倍液，或 12.5％烯唑醇可湿性粉剂 2 000 倍液，或 10％苯醚甲环唑水分散粒剂 8 000～10 000 倍液，或 40％氟硅唑乳油 5 000 倍液，10～15 天 1 次，可防治黑星病、黑点病、黑斑病，兼治轮纹病、炭疽病等。二是防治第一至第二代梨木虱若虫，有效药剂有 4.5％高效氯氰菊酯乳油 2 000 倍液，或 10％吡虫啉可湿性粉剂 3 000 倍液，或 1.8％阿维菌素乳油 4 000 倍液，可兼治蚜虫及红蜘蛛等。三是及时喷药防治黄粉虫，有效药剂有 35％硫丹乳油 2 000 倍液，或 3％啶虫脒乳油 3 000 倍液，或 10％吡虫啉可湿性粉剂 3 000 倍液等。四是防治椿象，以 50％杀螟硫磷乳剂 1 000 倍液，或 48％毒死蜱乳剂 1 500 倍液，或 20％氰戊菊酯乳油 2 000 倍液效果好。五是防治缺素症，如黄叶严重可喷硫酸亚铁，小叶病严重时可喷螯合锌。六是 5 月中旬注意防治第二代梨木虱若虫及康氏粉蚧，最佳药剂组合为"1.8％阿维菌素乳油 4 000～5 000 倍液，或 10％吡虫啉可湿性粉剂 2 000～3 000 倍液＋48％毒死蜱乳油 1 000～1 500 倍液＋助杀（农药增效剂）1 000 倍液"，可兼治绿盲蝽、黄粉蚜及各种螨类等。

3. 注意事项 一是麦收前是防治各类病虫的关键，必须按时、周到喷药，此时防治黄粉虫应注意细喷枝干，防止黄粉虫上果危害。二是麦收前用药不当最易造成药害，影响果品质量，所以此期用药必须选用安全农药。三是梨果套袋前，必须喷施 1 次杀菌剂，以防套袋果得黑点病。四是防治梨木虱及黄粉虫时，若在药液中加入农药增效剂则可显著提高防效。

（五）果实迅速膨大期（6 月中旬至 8 月上旬）

1. 防治对象 黑星病、黑斑病、轮纹病、炭疽病、褐腐、白粉病等，梨木虱、黄粉虫、康氏粉蚧、红蜘蛛、椿象、食心虫、白蜘蛛等。

2. 防治措施 一是用 50％多菌灵可湿性粉剂 600 倍液，或代森锰锌可湿性粉剂 800 倍液,或 12.5%烯唑醇可湿性粉剂 2 000 倍液,或 25%腈菌唑 3 000 倍液,或 40%氟硅唑乳油 5 000 倍液,或波尔多液 200 倍液等交替使用防治各类叶、果病害。间隔期为 10~15 天。二是梨木虱仍需防治 1~2 次,有效药剂为 4.5%高效氯氰菊酯乳油 2 000 倍液,或 1.8%阿维菌素乳油 4 000 倍液,或 5%士达 1500 倍液,或 48%毒死蜱乳油 1 500 倍液等,兼治食心虫、椿象、介壳虫等。三是若黄粉虫仍有发生,仍用上述有效药剂。四是椿象防治同前述。五是二斑叶螨发生重时,要及时喷 1.8%阿维菌素乳油 4 000 倍液,或 25%三唑锡可湿性粉剂 1 500 倍液防治。六是 7 月上中旬至 8 月上旬,需喷药防治康氏粉蚧第一代成虫和第二代若虫,常用有效药剂如 20%氰戊菊酯乳油 1 000~2 000 倍液,或 48%毒死蜱乳油 1 000~1 500 倍液等。

3. 注意事项 一是此期为雨季,最好选用耐雨水冲刷的药剂,或在药剂中加入农药展着剂、增效剂等。二是喷药时加入 300 倍尿素及 300 倍磷酸二氢钾,可增强树势,提高果品质量。三是雨季要慎用波尔多液及其他铜制剂,以免发生药害。

（六）近成熟期至采收期（8 月中旬至 9 月中旬）

1. 防治对象 黑星病、黑斑病、黄粉虫、梨木虱、介壳虫等。

2. 防治措施

（1）农业防治 秋天树干上绑草把,可诱杀美国白蛾、潜叶蛾、卷叶蛾、螨类、康氏粉蚧、蚜虫、食心虫、网椿象等越冬害虫。把草把固定在靶标害虫寻找越冬场所的分枝下部,能诱集绝大多数个体潜藏在其中越冬,待害虫完全越冬到出蛰前解下草把集中销毁或深埋,消灭越冬虫源。

（2）农业防治 梨黑星病喷 6%氯苯嘧啶醇可湿性粉剂 1 000~1500 倍液,或 40%氟硅唑可湿性粉剂 5 000 倍液,或代森锰锌可湿性粉剂 800 倍液,或 12%腈菌唑可湿性粉剂 3 000 倍液,或 2 000

倍液防治。用 10％吡虫啉可湿性粉剂 3 000 倍液，或敌敌畏可湿性粉剂 1 000 倍液，或 1.8％阿维菌素可湿性粉剂 3 000～4 000 倍液，防治黄粉蚜或梨木虱。

3. 注意事项　黑星病防治关键期果实受害严重，喷药时加入 300 倍尿素和 300 倍磷酸二氢钾，可增强树势，提高果品质量。此期不再使用波尔多液，以免污染果面。

（七）落叶期（11～12 月份）

1. 防治措施　一是清除园内落叶、病果及各种杂草。二是进行树干涂白。涂白剂的配制：生石灰 10 份，石硫合剂原液 2 份，水 40 份，黏土 2 份，食盐 1～2 份，加入适量杀虫剂。将各物质溶化混匀后，最后倒入石硫合剂和黏土，搅拌均匀涂抹树干，涂白次数以 2 次为宜。第一次在落叶后到土壤封冻前，第二次在早春。涂白部位以主干基部为主，直到主侧枝的分权处，树干南面及树权向阳处重点涂，涂抹时要由上而下，力求均匀，勿烧伤芽体。三是利用冬季低温和冬灌的自然条件，通过深翻果园，将在土壤中越冬的害虫如蝼蛄、蛴螬、金针虫、地老虎、食心虫、红蜘蛛、舟形毛虫、铜绿金龟子、棉铃虫等害虫的蛹及成虫，翻于土壤表面冻死或被有益动物捕食。

三农编辑部新书推荐

书 名	定 价
西葫芦实用栽培技术	16.00
萝卜实用栽培技术	16.00
杏实用栽培技术	15.00
葡萄实用栽培技术	19.00
梨实用栽培技术	21.00
特种昆虫养殖实用技术	29.00
水蛭养殖实用技术	15.00
特禽养殖实用技术	36.00
牛蛙养殖实用技术	15.00
泥鳅养殖实用技术	19.00
设施蔬菜高效栽培与安全施肥	32.00
设施果树高效栽培与安全施肥	29.00
特色经济作物栽培与加工	26.00
砂糖橘实用栽培技术	28.00
黄瓜实用栽培技术	15.00
西瓜实用栽培技术	18.00
怎样当好猪场场长	26.00
林下养蜂技术	25.00
獭兔科学养殖技术	22.00
怎样当好猪场饲养员	18.00
毛兔科学养殖技术	24.00
肉兔科学养殖技术	26.00
羔羊育肥技术	16.00

三农编辑部即将出版的新书

序　号	书　名
1	提高肉鸡养殖效益关键技术
2	提高母猪繁殖率实用技术
3	种草养肉牛实用技术问答
4	怎样当好猪场兽医
5	肉羊养殖创业致富指导
6	肉鸽养殖致富指导
7	果园林地生态养鹅关键技术
8	鸡鸭鹅病中西医防治实用技术
9	毛皮动物疾病防治实用技术
10	天麻实用栽培技术
11	甘草实用栽培技术
12	金银花实用栽培技术
13	黄芪实用栽培技术
14	番茄栽培新技术
15	甜瓜栽培新技术
16	魔芋栽培与加工利用
17	香菇优质生产技术
18	茄子栽培新技术
19	蔬菜栽培关键技术与经验
20	李高产栽培技术
21	枸杞优质丰产栽培
22	草菇优质生产技术
23	山楂优质栽培技术
24	板栗高产栽培技术
25	猕猴桃丰产栽培新技术
26	食用菌菌种生产技术